微反应心理学

MICRO-REACTION PSYCHOLOGY

魏 忠 卢莲静◎著

煤炭工业出版社

图书在版编目（CIP）数据

微反应心理学／魏忠，卢莲静著．－－北京：煤炭工业出版社，2017（2024.1 重印）

ISBN 978 - 7 - 5020 - 5953 - 8

Ⅰ.①微… Ⅱ.①魏… ②卢… Ⅲ.①心理学—通俗读物 Ⅳ.①B84 - 49

中国版本图书馆 CIP 数据核字（2017）第 158496 号

微反应心理学

著　　者	魏　忠　卢莲静
责任编辑	刘少辉
封面设计	胡椒书衣

出版发行　煤炭工业出版社（北京市朝阳区芍药居 35 号　100029）

电　　话　010 - 84657898（总编室）

010 - 64018321（发行部）　010 - 84657880（读者服务部）

电子信箱　cciph612@ 126. com

网　　址　www. cciph. com. cn

印　　刷　三河市九洲财鑫印刷有限公司

经　　销　全国新华书店

开　　本　710mm×1000mm$^1/_{16}$　**印张**　14　**字数**　190 千字

版　　次　2017 年 9 月第 1 版　2024 年 1 月第 3 次印刷

社内编号　8833　　　　**定价**　49. 80 元

前　言

俗话说"画龙画虎难画骨，知人知面不知心"，可见，人心是世上最诡谲莫测的东西。为什么会这样呢？这是语言善于伪装的特性在作祟。在很大程度上，人与人交流依赖的是说话，从你的嘴巴说出来，传到我的耳朵里，然后我形成对你的认识。然而众所周知，语言往往靠不住，说谎每时每刻都在发生。

在公司里，每一个员工在老板面前都会表现得兢兢业业、任劳任怨，而老板的视线一旦离开，有些人就立即松懈下来；热恋的男女在追求心仪的对象时，嘴里总是有说不完的坚定誓言，然而等到分手之时才发现那些山盟海誓已云淡风轻般飘散了；在网络世界中，好像每个人都生活在天堂一般，幸福的家庭、聪明懂事的儿女、到处旅游品尝无数美食，然而实际生活里家家有本难念的经，真正的辛酸与苦恼只有自己知晓。

口是心非，言不由衷，这导致了我们常常无法对一个人做最基本的判断，更不要说了解他的内心了。以至于有些时候，即使是面对一个真诚的人，我们也会心生怀疑，进而得出错误的结论，这的确是一件让人难过的事。不过，这并不是一个无解的难题，只要通晓微反应心理学，看透人心就很容易了。

事实上，除了语言交流之外，我们每个人每一天都在运用非言语行为与外界交流，比如，肢体动作、面部表情、身体距离，以及我们穿衣打扮风格、喜欢的休闲运动，甚至是我们结交的人群、经常出入的场所，都属于非言语的交流，这一切都在向外界传达一个人的态度、想法、情绪、修养和品位等信息，在心理学上统称为微反应。微反应是一个人内心的下意识投射，只要仔细观察，并进行合理的心理分析，就能洞察人们真实的内心世界。

据统计，一个人每天平均用于讲话的时间只有 10 ～ 11 分钟，平均每句话只占 2.5 秒。人们在面对面交谈时，有声语言传递的信息低于 35％，65％的信息是无声传递的。另据统计，一条信息传递的全部方式中，只有 7％ 是语言，38％是声音，而 55％的信息是无声的。正如古希腊哲学家苏格拉底所说，"高贵和尊严，自卑和好强，精明和机敏，傲慢和粗俗，都能从静止或者运动的面部表情和身体姿势中反映出来"。面试官可以通过身体微反应识别应聘者的职业素质，领导可以通过身体微反应了解下属的真实意图，推销员可以通过身体微反应洞察客户的心理活动……

相比于语言，微反应更能直接表达一个人的内心世界，因为人身体的动作是自发的，难以由大脑控制。即使有人想通过长期的训练，控制自己的身体，也是相当困难的。因为人的身体微反应太过复杂，所包含的细节太多，即便你刻意控制了其中的一个细节，也会在另一些细节上表现出来。

这本《微反应心理学》实际上是一本解密身体微反应的心理百科全书，它力求规避难懂的心理学专业术语，以直白幽默的语言、生动典型的案例来为大家展现出一幅幅与生活密切相关的心理学现象图，并通过详尽的分析，让读者可以学到可立即应用的身体微反应识别技巧。可以说，掌握了这些技巧，你就会发现以往看不透的人心、感到迷茫的状况，都像是透明的画册一般展现在你的面前。

目 录
Contents

| 第一章 | 解密微反应——身体比嘴巴更诚实

微反应，就是身体在说话 _ 2

嘴巴言不由衷，身体却不会 _ 3

姿势与动作：坦露心迹的两大途径 _ 5

身体微反应是如何形成的 _ 6

受外界条件影响的身体微反应 _ 8

解读身体微反应的基本规则 _ 9

身体微反应的年龄差异、性别差异 _ 10

| 第二章 | 抬头低头、摇头扭头——解密头部微反应

点头——不一定是表示赞同 _ 14

摇头——与生俱来的抗拒 _ 15

歪头——用脖子表达顺从 _ 16

低头——消极或者逃避的表现 _ 18

高抬头——展示傲慢者的自信和优越 _ 20

| 第三章 | 五官的精彩表演——解密面部微反应

嘴唇动作透露出来的信息 _ 24

读懂鼻子发出的无声"语言" _ 26

笑容背后隐藏的内心信号 _ 27

真笑还是假笑，看眼周的变化 _ 29

愤怒、悲伤的人也会笑 _ 30

从笑容看一个人的个性 _ 31

| 第四章 | 透视心灵的窗户——解密眼部微反应

眼睛和舌头说的话一样多 _ 36

留心他人延长眨眼的时间 _ 37

瞳孔扩张暗示着情绪变化 _ 38

向上看的眼睛希望博取同情 _ 41

目光转移代表屈服或拒绝 _ 42

影响注视时间长短的因素 _ 43

游离的视线暴露内心的不安 _ 44

眉毛的变化体现喜怒哀乐 _ 46

| 第五章 | 闻其声，可辨其人——解密声音信号

声调泄露一个人的喜怒哀乐 _ 50

闻其声，可辨其人 _ 52

语速是内心变化的指示器 _ 54

语速加快，可能是心中紧张或不安 _ 55

顺着声音的线索，摸透他的心 _ 56

| 第六章 | 身之所向即心之所往——解密躯干信号

身体的倾斜代表好恶 _ 60

身体姿势的开放与封闭 _ 62

防备的姿势与争论姿势 _ 64

欢不欢迎，看角度 _ 65

警不警觉，看腰臀 _ 67

拍抚肩膀——传递信心 _ 68

睡觉姿势透露的信息 _ 69

|第七章|双臂的权力宣言——解密手臂微反应

双臂交叉——阻碍沟通的"冰山" _ 74

伪装起来的双臂交叉 _ 75

强化的双臂交叉 _ 77

双手紧握泄露负面情绪 _ 79

双手叉腰和双臂交叉——不可侵犯 _ 80

背着的双手——树立权威 _ 81

双手放在臀部两侧——做好准备 _ 83

自我拥抱是一种自我安慰 _ 84

握手中的控制与顺从 _ 85

头枕双手——骄傲自信 _ 87

|第八章|股掌之间暗藏玄机——解密手势信息

我们的手也会"说话" _ 90

掌心的方向——翻手为云覆手雨 _ 91

摩拳擦掌——跃跃欲试 _ 93

紧握双手——挫败感的标志 _ 94

十指交叉的双手显示权威 _ 95

托盘式手势——表达倾慕之情 _ 96

抓头和拍头的姿势 _ 97

摸耳朵——反感信号 _ 99

遮蔽动作——逃避现实 _ 100

自我抚摸——寻求心灵的安慰 _ 101

表示自我的拇指 _ 102

| 第九章 | 最诚实的部位往往被忽视——解密下肢微反应

最诚实的双腿 _ 106

叉开的双腿与交叉的双腿 _ 107

脚踝相扣——恐惧害怕 _ 109

"4"字腿——自信而放松 _ 110

浅坐椅子的人小心谨慎 _ 112

脚尖的方向泄露真实兴趣 _ 113

脚步幅度和频率 _ 114

双腿泄露女孩的秘密 _ 115

| 第十章 | 小习惯，大信息——解密习惯动作

习惯动作能告诉我们什么 _ 120

下意识的动作和真实想法 _ 121

桌面整齐度就是"心灵的整洁度" _ 123

端杯喝酒有讲究 _ 124

酒后吐的都是"真言"吗？ _ 126

从拿烟的姿态透视性格 _ 128

吃饭的方式透露真性情 _ 130

阅读方式透露一个人的性格 _ 131

字如其人——笔迹可以透露什么 _ 133

口头语言带有性格的烙印 _ 135

透过打招呼惯用语看性格 _ 137

| 第十一章 | 选择座位也泄露内心——解密座位信息

座位选择反映亲疏 _ 140

咖啡厅里的座位选择 _ 141

对座位的喜好透露个性 _ 142

为什么要这样安排座位 _ 144

不要打扰选择独立位置的人 _ 145

判断身份地位，看座位就好 _ 146

老师的宠儿总是教室左边那个 _ 147

在餐桌上达成协议 _ 148

| 第十二章 | 外表是思想的形象表达——解密穿着打扮信息

衣服是思想的形象 _ 152

T 恤上的文字和图案想要表达什么 _ 153

首饰是个性的外显 _ 154

戒指中的玄机 _ 157

从手表样式看时间观念 _ 159

帽子——从头开始表现 _ 161

领带中的千言万语 _ 163

提包——拿在手里的心情 _ 165

鞋子的偏好透露个性 _ 168

眼镜也是自我表现的道具 _ 170

淡妆浓抹有玄机 _ 172

口红显示女性的性格和职业 _ 173

发型：女人最直观的形体语言 _ 175

| 第十三章 | 生理基础导致心理区别——解密男女差别

身体微反应也男女有别 _ 178

为什么漂亮女性却没有机会 _ 179

男人的迟钝与女人的误解 _ 181

当夏娃遇见亚当 _ 184

约会时，女性的沉默代表什么 _ 187

从约会的动作判断女孩的心理信息 _ 188

从坐姿透视女性性格 _ 189

利用逛街摸清他重视你的程度 _ 190

从他等你的姿态看他对你的态度 _ 191

| 第十四章 | 你就是测谎大师——解密说谎反应

谎言的四张面孔 _ 194

识别谎话大王 _ 195

身体微反应如何泄露谎言 _ 197

说谎者遮掩不住的真实表情 _ 198

说谎者最常见的 7 个手势 _ 200

说谎者会直视你的眼睛 _ 204

频繁眨眼掩盖谎言 _ 206

利用手掌去撒谎 _ 207

脚上的动作是怎样揭露事实的 _ 208

从言辞看穿对方的谎言 _ 209

谎言往往这样开头 _ 212

解除对方的心理戒备 _ 213

第一章

解密微反应
——身体比嘴巴更诚实

微反应，就是身体在说话

　　人际沟通有许多方式，言语沟通和非言语沟通是其中最主要的两种方式。其中，言语沟通包括口头语言和书面语言，非言语沟通则主要包括眼神、手势、语调、触摸、肢体动作和面部表情，后者也被称为身体微反应。

　　身体微反应虽然无声，但具有鲜明而准确的含义，它与我们每一个人的生活息息相关。譬如，星期天，忙碌了一上午的妻子吃完午饭后刚睡着，丈夫轻轻打开窗户准备让正在楼下玩耍的女儿回家做作业。为了不吵醒妻子，丈夫没有大声呼喊女儿，而是朝她招了招手，女儿看见爸爸的手势后，顿时明白了爸爸的意思，便迅速朝家走来。这时，丈夫抬手一看表，不到一点半，心想还可以让女儿再玩一会儿，于是，丈夫又向正朝家走来的女儿挥挥手。女儿看见爸爸的这个手势后，稍微一想，便又调转头，兴高采烈地和伙伴们玩去了。整个过程丈夫没有说一个字，仅凭两个简单的手部动作，便和女儿完成了两次沟通。

　　在日常生活中，我们最常见的身体微反应莫过于交通指挥。路口的交通警察能通过变化的手势准确地表达自己的意图，来来往往的行人或司机都能够看懂，并遵守执行。在这种情形下，如果交警用嘴巴去指挥，不仅可能损害其身体，而且效率低下。由此可见，相比于有声语言的含蓄和易受干扰，我们身体传递的信息鲜明而准确，然而这一点经常被我们忽视。

　　美国的一位传播学家提出了这样一个信息表达公式：信息的全部表达

＝55％表情＋38％声音＋7％语调。从这个公式中，我们至少可以明白这样一个道理：在日常人际交往中，通过身体微反应进行的信息沟通占到半数以上。身体微反应在信息交流中的重要性可见一斑。无独有偶，精神分析学派的鼻祖弗洛伊德也认为，要想真正了解说话者的深层心理，即无意识领域，仅凭有声语言是不够的。因为有声语言往往把话语表达者所要表达意思的绝大部分隐藏了起来，要想真正了解话语表达者的意思，必须把有声语言同体语相结合。

尽管无声的体语在信息的沟通中非常重要，但是不能代替有声语言，因为很多理性层面的意思还得由具有蕴藉性和委婉性的有声语言来传达。在一般的社交场合中，体语也很少独立担当沟通功能，它往往配合、辅助有声语言共同完成信息的传递。完全离开有声语言的体语并不比哑语高明多少，其不仅传播范围有限，也很难传达一些理性认识，不能阐述一些抽象话题，这必然不利于信息交流。

然而，如果想要了解一个人的真实想法，那么观察其身体的微反应，往往比听他说话要准确。比如，一位年轻女孩告诉她的心理医生，她很爱她的男朋友，与此同时却又下意识地摇着头，这就否定了她的话语表达。可见，要想真正了解交谈对象话语的意思，在认真倾听其述说的同时，还必须认真解读对方的身体微反应。因为，微反应就是身体说出的话，它比有声语言更诚实。

嘴巴言不由衷，身体却不会

生活中充满了矛盾和陷阱，尤其是和那些虚伪的人打交道，更要小心。当人们说出的话和身体动作发生冲突时，该相信哪一个呢？答案自然是后者。因为人们说出的话常常言不由衷，但身体微反应不会撒谎。

不可否认的是，生活中很多时候身体微反应同有声语言存在着不一致性。这主要体现在以下两种情况中：其一，"口是心非"。由于撒谎而使用的一些动作与有声语言的结合显得别扭、不协调，如小孩用手捂嘴，青少年用手触摸嘴唇，成年人用手摸鼻头，反映出此人的心虚和不自在；其二，突然置身于某种陌生的环境中或是与陌生人打交道时，表现出很多不自在的动作。如某个人参加面试时，看见主考官后满脸通红，浑身直冒冷汗，紧紧咬住嘴唇，不断地用手挠脑袋或是不停地用手拽自己的衣角。主考官看见此人的这些身体微反应后，心中已对他有了一个大概印象：此人缺少工作经验，性格较为内向。然后他会迅速判断此人是否适合招聘岗位。

相比身体微反应通过"口是心非"真情流露，善于伪装的有声语言却经过理性加工，达到掩饰真实意图的目的。比如，当一个人说他很喜欢你时，有可能是为了某种不可告人的目的而故意向你撒谎；当一个人说他很欣赏你时，可能他内心却对你嫉妒万分；当一个人说她对你恨之入骨时，可能她心里却对你爱得死去活来。可见，身体微反应比经过理性加工的有声语言更能反映一个人内心真实的情感和欲望。因为一个人内心的真实情感和欲望总是在没有逻辑思维的参与下，先由身体做出无意识的表现。需要注意的是，身体的这种无意识行为，往往还跟具体的文化语境有一定的关联。

总体来说，身体微反应符合人们的内心活动。有声语言同身体微反应的矛盾主要产生于逻辑——数字化秩序之间的对立，或是经过定型化的训练与内心活动之间的对立。如果我们不能在对立之间做出抉择，就会在身体微反应上出现矛盾状态。比如，当一个人问别人是否需要啤酒时，却坐在椅子上一动不动，可能他并不愿意付诸实际行动。如果他真的愿意的话，至少会从椅子上站起来。再如，当一个人想逃避别人审视的目光，或是掩饰自己的尴尬状态时，他往往会避开对方的目光。然而由于害怕暴露自己的逃避意图，其逃避动作又会相当克制。

由此可见，虽然我们能控制身体某些部位的动作，但不能同时控制身体所有的动作。因而一旦内心真实想法和有声语言发生矛盾，我们的身体微反应就会通过我们无法控制的一些部位展现出内心的真实意图。

姿势与动作：坦露心迹的两大途径

身体微反应，这个词语被提出来后，就表明了人们对另一个语言体系的正式研究，也标志着人类对自身探索的进一步加深。

人们无法想象，在漫长的进化历程中，一些因外界刺激而引起的不经意的身体反应，会演变成一门借助身体动作、面部表情、姿势以及与其他谈话人的位置或距离变化等来进行信息沟通的学问。当我们称这些为身体微反应时，同时就承认了，人们身上藏着一套无须语言破解的"密码"。

这些"无声的密码"，利用各种身体符号体现出来。此时，人们虽可以在语言上伪装自己，但身体微反应会"出卖"他们的心境。因此，身体微反应不但成为解译人们的体语，而且成为人们准确地认识自己和他人的一件工具。

尽管人类与身体微反应相伴了久远的岁月——当人们还在原始社会的时候，就开始采用一些身体信号来进行交流，但直至 20 世纪才引起学者的注意，且至今没有形成系统性的非语言沟通理论。对这个既熟悉而又陌生的深刻课题，人们应当重新认识，从而在生活和商务活动中将其良好地运用。

人类将自己作为观察的对象，考察日常生活中的一举一动，以便获得关于自己和同胞们的身体微反应知识。在分析的过程中，为了能剖析每个动作，就不可避免地要了解身体微反应的基础：姿势和动作。

在这个世界上，所有的动物都会做动作。对于具有发达的大脑，使用着高级思维的人来说，做出动作更是十分简单的事。但我们这些高级的动物对动作的理解少之又少。仅仅提出两个问题，就可以难住很多人——人类的动作有多少种？有哪些是先天就会的？

　　人类的动作可以分为四类，先天的动作、习得的动作、经由训练的动作和姿势。当我们处于婴儿时期时，大部分动作都是先天的动作，比如，吮吸、哭泣等，这些动作是不用学习、天生就会的。随着我们渐渐长大，会无意识地模仿身边人的动作，这些动作是在生活中逐渐学会并内化成我们的习惯动作，属于习得的动作。如果你参加过舞蹈班、学习体操等运动，你就会接受一套由他人教导的标准化动作，这些动作通常需要长时间的练习，是经由训练而得的动作。

　　除了动作外，姿势也很重要，它指的是身体呈现的样子，可以向人们传递某种信息。从某种角度看，姿势也是动作，是一种能够向对方发出视觉信号的动作。而姿势的种类也可分为四种，其一是从属姿势，例如，用手托着头休息等，这种姿势不带有社交意义，只是身体的从属动作；其二是表现姿势，是社交中表现情绪的重要信号，例如，做鬼脸等；其三是模仿姿势，即模仿他人的举止，模仿姿势具有特定的社交意义；其四是技术姿势，例如，交警指挥交通时专用的姿势，具有专业含义。

身体微反应是如何形成的

　　一般来说，我们都知道大多数基本身体微反应的具体含义，如愉快高兴时，面露微笑；悲伤痛苦时，皱起眉头或露出怒色。令人困惑的是，我们却不知道为什么要以这样的姿势来表达这些意思，以及这些基本的姿势究竟源于何处。

　　随着身体微反应学的兴起，行为学家通过大量研究后提出了他们的观点，一些基本的身体微反应，如点头时，头朝下动，这可能是一种天生的姿势；还有一些基本的身体微反应则可能是从婴幼儿期，一直延续到成年期的个人遗留物，最为明显的莫过于吮吸动作，从中很容易看到它与婴儿吸奶的联系。

婴儿时期的吸奶是一种非常美妙的享受，它显然给每个人留下了不可磨灭的印象，以至于我们在成长过程中会不时重复能令口腔感到舒适的吮吸动作。儿童时期，不少孩子总喜欢吸手指；青少年时期，不少孩子则喜欢咬指甲或咬笔头。到了成年后，吮吸动作通常经过层层伪装来表现，如一个嘴里叼着雪茄或烟斗的老人，这实际上就是用一种隐蔽的方式重复吮吸动作，以便让口腔获得婴儿时期吸奶时的舒适感，而喜欢嚼口香糖的成人也是通过咀嚼方式来让口腔获得一种与吮吸类似的舒适感。除了吮吸这一姿势可能是个人遗留物之外，摇头表示不同意或否定也可能是个人遗留物。当婴儿吃够了奶后，他的头会向左右两边转动，拒绝妈妈的奶头；当幼儿吃够了饭时，他也会左右摇摆头，拒绝父母再喂他。长此以往，他便学会了用摇头表示不同意或否定的意思。

此外，行为学家还认为，某些基本的身体微反应可能源于原始的动物时代，如颇具进攻性的动作——露出牙齿，就源于原始的动物时代。虽然经历了沧海桑田，但这一基本动作仍被现代人所使用，表示讥讽、进攻，或是其他表示敌意的意思。而其他一些基本的身体微反应，如耸肩表示别人对你说的话不大理解、不太清楚，挥手表示再见等，可能源于人后天的学习或模仿。

需要注意的是，语言的沟通因具体的文化语境而异，一些基本的身体微反应也是这样。在某一具体的文化语境中，某些基本姿势可能具有相同的意思，而在另一种文化语境中，它可能毫无意义，甚至是相反的意思。如表示"OK"的手势在讲英语的国家寓意赞同或"好的"，在法国，它还有"零"的意思，而在一些地中海国家，它则表示"孔"的意思。因而，外出旅游，尤其是到国外旅行时，最好不要随便使用一些仅在本国适用的身体微反应，而应入乡随俗，这可能有助于你避免很多尴尬。

受外界条件影响的身体微反应

很多时候，通过一个人的身体微反应，我们就能知晓他的内心。但有些时候，身体微反应却不能依靠惯性思维理解。为什么会这样呢？因为身体微反应会受到外界条件的影响，如不同的语言文化背景、场合、时间等。

身体微反应作为一种特殊的语言，同有声语言一样，也要受到具体语言文化背景的影响，如紧握双拳置于身前，在很多国家表示某人有力量或是较为愤怒的情绪状态，但在日本表示某人"手紧"或者吝啬。再如，轻触眼睑（用右手食指指尖置于右眼下眼睑上）这个姿势，在沙特阿拉伯表示对对方的愚蠢行为看得一清二楚，也即在对别人说"你真是一个傻子"；而在南美洲，这个姿势则表示强调某人看到了有趣之物，如看到了一个美人儿。

在不同的场合，同样的姿势可能表示不同的含义。例如，在咖啡店里，如果你向服务生举起两根指头，他就知道你是想在杯中多加两块糖；而在比赛场上，如果你向观众举起两根手指，则是向他们表示自己有信心赢得比赛。再如，手握成绞拳（模仿拧湿衣服绞干其水分的动作）的样子，如果在遇到危险或是进入一个陌生环境时做出此种姿势，表示某人要扭断对方的脖子或是表示某人情绪过于紧张；如果在比赛场上做出此种姿势则表示某人充满信心，坚信自己能打败对手取得胜利。

同样，时间变化有时也会影响身体微反应的含义，比如，同样是微笑，当谈话刚开始时保持微笑，表达的是话语投机，颇感兴趣；当长时间只微笑不说话时，那就是告诉对方："时间不早了，没什么好谈的了，结束吧！"有自知之明者便会主动停止交谈了。

身体微反应除了受上述外界条件的影响之外，有时还受一个人所从事的职业和所受教育程度的影响。如果一个画家在工作的时候把笔夹在耳朵上，可能没有什么不妥；如果一个老师在上课时把笔夹在耳朵上，则可能就有伤大雅了。一般来说，一个人受教育程度越高，其身体微反应可能就会越含蓄、优雅，显得彬彬有礼，而受教育程度越低，其身体微反应可能就越粗犷、直露。

所以，对于不同情况下的身体微反应，每个人都应该学会有所区别地去理解，做到具体问题具体分析。只有这样，你才可能正确理解一个人身体微反应表达的真正含义。

解读身体微反应的基本规则

解析身体微反应，与其说是天分，不如说是日积月累观察和学习的结果。因此，任何人都应当将身体微反应当作一门科学。即使一个简单的动作，在不同的文化中，不同的环境里，也会有着千差万别的含义。

下面将要介绍的三项基本规则，更是对人们剖析身体微反应有着极为重要的意义。

1. 考虑身体动作发生的背景

考虑身体动作发生的背景，即要考虑身体微反应发生的"语境"。同口头语言一样，对动作和表情的解读应当考虑环境因素的影响。例如，在寒冷的冬天，你看到一个人走在路上，并摩擦双手，这时，你应当想到，这并不是他在表达一种期待的感情，而可能是因为他很冷。如果换一个地点，在办公室里，你向合伙人提出一个议案，他做出这个动作，则意味着他对这个提议非常感兴趣，并愿意积极地去执行。

2. 考虑身体动作和语言的一致性

观察人们的无声语言——身体动作，用口头语言做参照，看两者的表达是否一致，以分析传递信息的真实性。当信息完全一致的时候，那这个人的话就是真实的，但若是某个人在语言上说支持你，但双手环抱于胸前（防卫的特征），下巴紧绷（紧张，批判之意），那他的说辞很难有说服力。

在这一点上，女性听众更善于发现蛛丝马迹。因为女性之间在交流时，更多地依赖无声的肢体语言，一旦她们发现一个人的话同他的身体动作相矛盾时，她们就会马上忽略对方讲话的内容，而对这个人产生强烈的质疑。

3. 考虑身体动作发出的连贯性

解读身体微反应的一个致命的错误就是忽视其他相联系的表情、动作以及客观环境影响，片面地解读他人的肢体语言。例如，用手触摸嘴唇，有可能表示撒谎、不确定等多种意思。所以，其具体含义应当取决于同时发生的其他表情和动作。每一个表情或动作就好比一个单词，而每一个单词的含义都不是单一的。就像人们为了理解词语的具体含义，要把词语放到句子里结合其他词语一起理解一样，在获取身体微反应的真实信息之前，每个人都要连贯地观察他人的身体微反应。

从现在开始，每天坚持利用 15 分钟的时间来观察别人，并有意识地观察自己的姿势，将会使你的工作和生活大受裨益。正如美国科学家提供的数据所显示的，一般人一天实际说话时间不过 10 ～ 11 分钟，而非言语信息（绝大多数为身体信息）是语言信息的五倍之多。

身体微反应的年龄差异、性别差异

在观察和解读身体微反应的同时，我们需要知道一个事实，那就是身体微反应并非一成不变，而是存在明显的年龄和性别差异。

首先，身体微反应会随着年龄的增长而改变。例如，当孩子们撒谎的时候，常常会立即用一只或者两只手捂住嘴巴，表达自己心虚和害怕的情感。当一个少年在父母面前说谎的时候，恐怕他的动作不会这么明显，但也容易将手放到嘴边，用手指轻轻擦拭嘴唇。一个成年人在撒谎的时候，他尽管会同样有想去遮住嘴的冲动，但必须让自己的动作更加不留痕迹。于是，到最后一刻，他或许只是碰了一下鼻子。

上面的例子说明，尽管人们在面临同样的情况时，大脑会做出同样的指示，但随着一个人年岁的增长，这些动作将变得更为隐蔽，让人难以察觉。这也就是研究一个成年人的身体微反应要比研究一个儿童的身体微反应复杂得多的原因。

男女两性在身体微反应的感知和表现上也有较大的差别。经过研究证明，两性中，通常女性的直觉更为敏锐，因为女性具有注意非言语信息上的天赋，能比男性破译更多的无声语言。同时，对细节的敏锐观察力，也让女性占尽优势。女人的"直觉"和"感知力"都非常强。在育有儿女后，这种能力在女性的身上将更加突出，因为在育儿的头几年里，母亲要更多地依靠非语言渠道来和自己的孩子交流。因此，生活中，男性很难成功地欺骗女性，即使他们不说话，自己的妻子也能够凭借身体微反应来探索其内心的秘密，了解到他们的真实想法。

此外，女性在日常生活中表现出更多自我保护的行为。从很早开始，男性就承担着保护者的角色，而女性则被看作群体中的弱者而受到保护。直到今天，我们依然把女性、老人、小孩划归为一类，认为这是应该受到额外照顾的群体。

正是由于这些生理上的弱势，使得女性产生了强烈的不安全感，因此她们的警觉性相当高，总是审视着周围的环境，以便在危险来临之前就做好防范。

这样的心态一直持续至今，女性在陌生环境中更易做出封闭性的姿势。比如，在电梯，或者公共汽车上，双手抱臂的女性就远远多于男性。而且，大部分女性在她们认为的强者，比如，上司、长辈面前，会倾向于表现出她们柔顺的一面，比如，低头、抚摸脖子，这是因为她们在潜意识里渴望得到保护。

　　除此之外，女性的身体微反应也更具有亲和力。女性在最初的社会分工中承担哺育孩子的职责，这种身份可能是她们亲和力的根源。当面对毫无威胁的天真婴孩时，女性会竭尽温柔地对待他们。直到现在，即便是没有养育经验的年轻女子遇到小孩子也会情不自禁地逗逗他，这就是她们内心潜藏的母性流露。

　　另外，女性还承担着调节部族关系的责任。男性在外猎食，分工合作明确；而女性在家，则通过互相表示友好以和谐相处。所以直到今天，一个家庭的亲戚关系也通常是女性在打理。涉及人与人的交流问题，男性倾向于先示威，分出敌我；而女性却习惯先示好，分出长幼尊卑。所以，女性总是比男性笑得多，而笑容是传递友善的最重要的身体微反应。

　　除了这些，一个人的身体微反应还会同他所处的社会阶层、拥有的权力强弱等有着直接的关系。因受到的教育程度不同，成长环境差异，通常一个高阶层的人能够较清楚地利用言语表达自己的意思，而一个低阶层的人则更多地依赖身体的动作来做补充。

第二章

抬头低头、摇头扭头
——解密头部微反应

点头——不一定是表示赞同

　　点头是最常见的身体微反应之一，人们常用点头来表示赞同，其实点头这一动作可以表达的含义非常丰富，除了鼓励和顺从的含义外，还可能表示拒绝。下面就让我们对点头这一动作做一番深入的探讨。

　　面试中我们常常发现，面试者紧握双手，交扣脚踝，十分拘谨地坐在考官对面。女面试官看出了他的焦灼情绪，于是在他回答问题的间隙以微微的点头来回应他。这个动作好像对面试者产生了神奇的力量，他开始放开双手，并且有了更强的表达欲望，声音也从原来的颤抖变得高昂而有节奏了。面试者能够从紧张到放松，面试官的点头鼓励功不可没。

　　除了鼓励之外，点头还可以表达尊敬、顺从的意思。这样的姿势在日本人身上最常见。日本人见面以点头和鞠躬作为打招呼的方式。比如，当下级见到上级，或者晚辈见到长辈时，会弯下腰鞠躬，表示自己的谦卑和对对方的尊敬；而上级或者长辈则以微微点头回敬。实际上，点头可以看作鞠躬的简化版，就像一个人正准备鞠躬，而动作没有完全做出，只进行到头部就戛然而止。所以点头的动作就象征性地表示了鞠躬的含义。

　　事实上，在很多时候点头并不表示同意，而频繁地点头更有可能是一种无声的拒绝。有时倾听者明明心中很不耐烦，然而碍于面子或者某种特殊情况，不得已而做出点头的动作，这时点头已经转变成一种无可奈何式的拒绝表现。

当我们向别人提一个要求时，对方还没等听完我们的叙述便频频点头答应，而最后却没有实际的行动来帮助我们实现要求时，这很明显就是一种应付式的答应，其真实含义为含糊式的拒绝。

当一个对你的性格、目的所知不多的人，对你的请求显示出"闻一知十"的态度时，通常是不想让你继续说下去。不妨试想一下，当我们要帮助一个人时，总是有耐心地听他讲完，然后再根据问题的难易程度做决定。所以出现这种情况的原因就是要么他不愿意帮助，但只是出于礼貌而不直接拒绝；要么他没有听懂意思，只能用这种方法来假装表示听懂了。

通常情况下，总是自己话还未说完，对方就连续地说"好的，好的……"或者心不在焉地说"行，就这样吧"的时候，往往令我们感觉心里没底，非常不相信对方做出的承诺的真实性，总感觉对方根本就没有听明白其中的意思或者深思其中的含义，而且所表现出来的更多的是无奈和敷衍。所以，当你听到对方轻易答应时，不要被这种现象所迷惑，而认为他是个非常热情的人，其实，你的目的并没有达到，更不要在这一棵树上吊死，而应该寻找更多、更有效的方式，或者求助于更加愿意帮助自己的人。

摇头——与生俱来的抗拒

妈妈在哄满岁的孩子吃饭，可是孩子好像已经吃饱了，对递过来的勺子失去了兴趣。于是头左右偏摆，想要避开它，并且他的视线也极力避开递过来的食物。妈妈放弃了努力，她想孩子肯定是吃饱了。

幼儿的口头语言表达能力还没有发展完善，但身体微反应已经能表达内心情感了。饿了会哭，饱了会用摇头来拒绝食物。甚至是还在用母乳喂养的新生儿，当他们饱腹时就会左右偏移脑袋拒绝母亲的乳房。所以，摇头似乎是与生俱来的抗拒动作。

头水平地从一边转到另一边就是最常见的摇头方式，其中左转和右转同样重要，这也是最常见的否定姿势。同点头一样，摇头的含义也基本上是全球性的，除了少数几种文化下的摇头含义略有差异，我们会在后面具体谈到这一点。不过，有的时候人们也用摇头来表示迷惑不解。

然而，并不是所有情况下的摇头都是消极否定的意思，要解开对方的身体微反应密码，不能断章取义，一定要融入场景之中分析。北京奥运会开幕式时，很多人面对着那些构思奇巧的编排设计，张开了嘴，并且做出了摇头的姿势。这里的摇头所代表的并不是"很一般，不怎么样"的意思，而是"天哪，没想到会这样精彩"。这个时候的摇头是对自己当初想象的一种否定，但对对象事物来说就是一种惊叹和赞许。

再换一种场景，摇头又可以表示其他的含义了。比如，年幼的小孩子望着病重的宠物狗哭泣，母亲走过来安慰他，最后便会用微微的摇头来表示"已经无能为力了"。我们经常在电视画面上看到这样的镜头：医生走出急诊室，对着等候在外面的家属做出这个动作。虽然具体的信息还没有获知，但是家属们立马就会明白里面发生了什么，继而号啕大哭。所以，这里摇头也是对自己能力的一种否定，而展现给对方的就是无奈和遗憾了。

歪头——用脖子表达顺从

有很多身体微反应学家认为颈部是支撑头部作用的，所以颈部的身体微反应，可以由头部来代表。也有人主张把脖子单独看待，因为有时脖子要表达的信息是头部所代表不了的，比如，向上伸长脖子。

我们认为头部动作可以分解为脸的各部分，如眼眉、嘴巴、鼻子以及面部整体表情等。而常见的摆头姿势，则是脖子摆动后带动了头部的动作。

另外，仰头、低头都是通过伸缩脖子来完成的。因此，应当把头部整体动作归为脖子的身体微反应来看待。

1. 露出脖颈

脾气暴躁的丈夫因为一些小事向妻子发脾气，妻子默默地坐在一边。丈夫不断地咆哮，妻子则把脑袋歪向一边，露出脖子。她显然无意跟丈夫争吵，吵吵嚷嚷的丈夫最终安静下来。

妻子偏向一边的脖子表明她不想加入到争吵中来，性格温顺、不喜争执的女性经常会有这种倾斜脖颈的动作。它表达出来的含义就是"我服从你"。吵闹的丈夫也感知了妻子的意愿，所以到最后便偃旗息鼓了。

把头部向一侧倾斜露出脖颈，这个姿势是一种顺从的表示，它不仅暴露出人们的喉咙和脖子，还会让人显得更加弱小和缺乏攻击性。

至于它为什么会传达出这样的信息，我们依然可以从婴幼儿时期来找到证据。婴儿似乎总是难以支撑起自己的头，所以当他们想要休息时，会把头歪斜着靠在父母的肩膀和胸脯上休息，这样的动作就很能引起父母的怜爱。这样的姿势在女人心中似乎更加根深蒂固，她们在后天的成长中更强化了这一姿势的含义。

另外，倾斜头部就会露出脖子。而脖子是人的要害部位，所以这样的姿势就表明"我相当坦诚，而且对你无害"。动物中也有相似的动作，比如，狗遇到强大的对手，就会躺在地上，露出柔软的肚皮，表示"我不想跟你斗，我很软弱"。

2. 歪着脑袋仔细听你说

歪着脑袋、倾斜脖子的动作除了表达恭顺，在不同情况下也可能有其他含义。比如，谈话中，你发现对方微微倾斜头部，用一种仰视的视线看你，那么对方很可能是对你的观点和意见感兴趣，于是用这个方式仔细地听你继续谈话。

知道了歪着头的这种意思，演讲者可以在发表演说时用心在观众当中搜寻这一头部倾斜的姿势。如果能看到有观众歪着头，或者还做出了用手接触脸颊的思考手势，那么就证明你的演讲令他产生兴趣，他认为这些内容很有说服力。这个动作的这层含义很可能是由它的恭顺本义所衍生出的。潜意识里，观众因为想听到更多的内容而对演说者表达了恭顺之意，以此希望对方更坦诚地说话。

3. 性感的颈部曲线

看看女明星的海报造型，很多都歪着脖子，露出光滑的脖颈。女性的这个姿势凸显了她们温顺、性感的女性特征，借此吸引男性。对于男性来说，一个毫无威胁感并且看起来非常温顺的女人是极具吸引力的。玛丽莲·梦露就有很多这样的造型照。

女性喜欢做出这个姿势，但是对于需要模糊性别的职场女性，这样的姿势无疑会显示出自己的弱势。当你在谈判桌上对对方做出歪斜脑袋，或者露出脖子的动作时，无论你是出自哪一种考虑，都会把自己置于一种弱势的境地。男性合作者或者对手也会更加注意你的女性身份而非你的工作能力。基于此，我们给女性的建议是在职场中请尽量挺直脖子。

低头——消极或者逃避的表现

当一个人低下头，眼睛看着地面，不让别人看见他的脸，也不去看任何人的脸时，他一定是处于某种消极的情绪当中，有可能是沮丧，也可能是害怕，甚至有可能是在表达不满，总之，这是一个想要逃避的动作。低头这个简单的动作在不同的情形下可以表达完全不同的含义。

1. 不自信地低下头

经常做低头耸肩动作的人内心缺乏自信，并且不想引人注意。比如，当你看到一群不太熟悉的同事在一边谈话，经过他们的时候，你会怎样做呢？

自信度高，并且爱表现的人此时会昂首挺胸地走过去，希望对方注意到他。如果对方没有留意，他也会主动打招呼。而不太自信的人则会不由自主地缩紧脖子，努力让自己显得更弱小和低调，期望对方不要注意到他。

在会议上，不想发言的人也会在老板用视线巡查时低下头，为的是避免和他视线相交而引起他的注意。

2. 自我保护

在你居住的小区里一群孩子在踢球，当你走过他们的时候，突然听到有人喊："当心，看球！"你即便是并没有看到有足球朝你飞过来，也会下意识地把头低下，缩在两肩之间。因为你希望用这样的姿势保护头部，以及柔弱的脖子和喉咙，避免受到球的撞击。

大部分人在潜意识里都清楚这个动作的保护意味，所以当他们可能受到外界攻击时就很容易做出这个动作。

3. 低头表示恭顺

老板指着报表上的一个数字问秘书小可："你觉得出现这个数字可能吗？"小可看了看，发现自己犯了一个低级的计算错误，她把头深埋下去。老板心软了，于是说："下次注意。"

这个低头耸肩的动作也经常出现在女性身上，而且以年轻的女性居多。她们大多性格温柔而恭顺，在遇到障碍、挫折或者难堪的状况时就会做出这个动作。就像情境再现中的小可，当发现自己犯了很大的错误时，因为羞愧，加上害怕老板的苛责，便做出了这个动作。这样的动作使得她显得娇弱，这也是一种潜意识中祈求怜悯、表示恭敬的动作。

4. 低头的消极抵抗意义

低下头可以表示恭顺，有时也可以表示一种消极的抵抗。比如，发表讲话时，如果对方不看你，并且低下头，这并不是说明他被你打动了，而是很有可能他不认同你的话，只是不想直接表达出来，所以用这个动作来消极抵抗。此时，压低下巴的动作意味着否定、审慎。如果他还有其他封闭性姿势，比如，交叉双臂，或者双手紧握，那么这种意思就更明显，有时甚至是攻击性的暗示。

人们的低头动作与批判性的意见的形成之间也是互为因果的，所以，只要你面前的人不愿意把头抬起来或者向一侧倾斜，你就很难用你的观点打动他。有经验的会议发言人会在发言之前采取一些手段，让台下的观众融入和参与到会议的议题之中。比如，用屏幕展示一些视觉性资料，让大家都抬起头，从而给听众以潜移默化的积极暗示。

高抬头——展示傲慢者的自信和优越

高抬头通常是下巴高高抬起，它与低头形成鲜明的对比，与低头表达的畏惧、顺从等含义相反，高抬下巴的人拥有很高的自信和优越感，并且他们用抬高下巴来表示威严和某种指示作用。

1. 高抬下巴显示高人一等

女总裁出差时与下榻的宾馆服务人员发生了一点争执。她坐在沙发上，对方站在她的对面。女总裁说："你不用说了，把你们经理找来。"她说话时，高高抬起下巴。但却不是为了把视线落在站着的服务生身上，因为她望向了另一边。

当对方的视线位置比我们高时，我们可能会抬起头来与他讲话。但这里的女总裁显然不是为此才高抬下巴的。她以盛气凌人的姿势，向对方表示"对继续谈话没有兴趣"。

就像上面那位女总裁，她在这个时候高抬下巴与她在下属面前高抬下巴就有了不同的含义。在下属面前，她用这个姿势来增添权威感。而此时面对出错的服务生，她高抬下巴则显示了一种傲慢和自认为高人一等的心态。

我们必须承认高度很能影响一个人的气度，尤其是在政军领域更是如此。例如，在军事院校指挥专业的选拔上，身高就是很重要的选拔指标。但身高通常都是先天决定的，无法更改。于是人们乐于从一些细节上来提升身高，比如，高抬下巴。动作者潜意识里想通过这样的动作，弥补身高的弱点。

而相反，收缩下巴则代表一种小心翼翼的畏惧感，爱收缩下巴的人与喜欢高抬下巴的傲慢人士性格截然相反。他们比较谨言慎行，所以能够完成好工作。但他们只注重自己眼前的工作，而且由于保守与传统而故步自封，同时不善于接纳他人，常常拒人于千里之外。

2. 下巴与威严感

和女性相比，男性的面部线条更为粗犷，比如，他们拥有宽阔的下巴。我们观察以硬汉形象示人的影星海报时就会发现，他们总是以高抬的下巴来显示自己的雄性特征。

而女性在这一点上似乎要略弱一些，因为大部分女性并没有宽阔并且硬朗的下巴线条，不过一些强势的女性同样也喜欢以高抬下巴来增添威严感。通常这样的女性都位高权重，比如，英国的前首相撒切尔夫人。撒切尔夫人的很多照片上所摆出的头部姿势都很相似，坚毅的表情和扬起的下巴显示出她的强硬和威严。

3. 下巴指示动作的含义

我们在前面的章节讲到过手势的指示性动作，比如，介绍某人时用手指并拢的手掌指向他，露出的手掌心代表着坦诚、尊重。而这里要讲到的下巴指示动作则跟手掌指示动作不同。当你希望向对方借某样东西的时候，如果对方的双手此时空闲着，但他不愿意用手来为你指出，只是朝那个方向抬抬下巴尖，告诉你："在那边，自己去拿吧。"这就意味着对方是不情不愿的。

下巴指示动作有一种轻慢的含义，这个姿势的幅度很小，所透露出的信息是"我不愿意为对方多付出什么"。而有些时候，用下巴指示某人，还有一种蔑视的含义。如果你向谁询问某人的时候，对方用下巴指示"就是那个"，那么你就可以猜想，你要找的人在这一群人中有着不太好的名声。

第三章

五官的精彩表演
——解密面部微反应

嘴唇动作透露出来的信息

嘴巴透露信息不一定通过声音，有时候嘴唇一个小小的动作也会告诉我们一些信息，最常见的莫过于撇嘴唇。这里所说的撇嘴唇与孩童经常使用的噘嘴不一样。孩童们在愿望没有得到满足时会把嘴巴噘起来，显得嘴唇很厚。撇嘴唇则是收缩唇部肌肉，使得唇形更小。在这个过程中，嘴角也会轻微下垂，显出轻蔑的神情。做出这个动作的人可能不太认同对方的意见，或者根本就瞧不起对方。

毕业论文答辩会上，小吴发现自己在陈述时，一名评分教授一直撇着嘴唇。这一动作让小吴分外紧张，她开始怀疑自己的论文水平。答辩结束以后，很多同学都说到了撇嘴唇的教授，看来这个教授在听每个人的答辩时都是如此。

如果这位教授只对小吴做出了这个表情，可能是因为他很不认同小吴的论点。但所有的同学都反映这个问题时，撇嘴唇动作很可能就只是他的一种习惯。就像有人常带笑意，而他常撇嘴唇。而爱做这个动作的人通常内心很傲慢。当他自视甚高时，就会不自主地看低其他一切东西，这种动作也就出现在他的身体微反应上。

除此之外，嘴巴的动作还包括以下几种。

1.下嘴唇往前撇

人的下嘴唇往前撇的时候，表明他对接收到的外界信息持不相信的怀疑态度，并且希望能够得到外界肯定的回答。

2.嘴唇往前噘

人的嘴唇往前噘的时候，表明此人的心理可能正处在某种防御状态。

3.嘴角向后

在与人交谈中，如果有人嘴角稍稍有些向后，表明他正在集中注意力听其他人的谈话。

4.嘴巴抿成"一"字状的人

大多数人在需要做重大决定时，或事态紧急的情况下会有这种动作。他们一般都比较坚强，具有坚持到底的顽强精神，面对困难想到的是战胜困难而不是临阵退缩，所以获得成功的概率较大。

5.偶尔用手捂住嘴巴的人

此类人容易害羞，特别是在陌生人或关系一般的人的面前更是沉默少语。他们的性格保守内向，在与他人进行交往的过程当中极力掩藏自己真实的感受，同时也不喜欢在众人面前显露自己。他们的这个动作有时候类似吐舌头所表达的意思，表示他们对刚才说出的话或做过的事已经意识到了错误。

6.牙齿咬嘴唇的人

有些人在交谈的时候，会上牙齿咬下嘴唇、下牙齿咬上嘴唇或双唇紧闭。这表示他们正在聆听对方的谈话，同时在心中仔细揣摩话中的含义。他们一般都有很强的分析能力，遇事虽然不能非常迅速地做出判断，但是决定一旦做出，往往不会回头。

7.嘴角上挑的人

这类人机智聪明，性格外向，能言善道，善于和陌生人主动打招呼，并进行亲切的交谈。他们胸襟开阔，有包容心，不会对曾经伤害过他们的人怀恨在心。他们有着良好的人际关系，在遇到困难的时候常常能够得到他人的支持与帮助。

读懂鼻子发出的无声"语言"

有位研究身体微反应的学者，为了弄清鼻子的"表情"问题，专门做了一次观察"鼻语"的旅行。他在车站、码头、机场等不同的地方观察。他旅行观察了一个星期，得出以下两方面的结论。

第一，旅途是表现身体微反应最丰富的环境。因为不同地区、不同年龄、不同性别、各种性格的人都汇聚在一起，都是陌生人，语言交流很少，心理活动很多，所以，大量的心态都表现为身体微反应。正如那位研究者所说"旅途是身体微反应的试验室"。

第二，人的鼻子是会动的。研究者说，据他观察，在有异味和香味刺激时，鼻孔会有明显的动作，严重时，整个鼻体会微微地颤动，接下来往往就会出现"打喷嚏"的现象。他还认为，这些动作，都是在传达信息。此外，据他观察，凡高鼻梁的人，多少都有某种优越感，表现出"挺着鼻梁"的傲慢态度。关于这一点，有些影视界的女明星表现得较为突出。他说，在旅途中，与这类"挺着鼻梁"的人打交道，比跟低鼻梁的人打交道要稍难一些。

研究者的发现对于身体微反应学可能是个不小的贡献。

一位日本籍整容医生说："某人一旦接受了隆鼻手术，以往性格内向者，常会摇身一变成为倔强之人。"

一本小说中，男主角看到一位漂亮的小姐，为了表现出他与众不同的吸烟法，他向空中吐着烟圈，然后烟圈飘向那位小姐。小姐没说什么，只是伸手捂了一下鼻子。男主角便问道："你讨厌烟味吗？"那位小姐没有回答他，只是继续捂着鼻子。

其实，用手捂着鼻子的身体微反应已经表达出了那位小姐的讨厌情绪，遗憾的是，男主角竟然不知趣，反而去问一个不该问的问题，这样做自然要碰钉子。

有的研究者主张把用手捂捏鼻子的动作归为鼻子的身体微反应，而不是手的身体微反应。还有，若某人仰着脸，用鼻孔而不是用眼睛"看"人，这跟用手捂捏鼻子一样，是要表达自己的反感情绪。

在旅途中，碰到有这些姿势的人，尽量少与之打交道。譬如，请他人帮助做某件事情之时，如果对方用手摸鼻子，或是用鼻孔对着你"看"，这可视为他接受请求的可能性不大，或者是其拒绝的表示。

因此，跟讨厌的人交谈时，如果想尽快结束无谓的话题，不妨用手多次摸鼻子，不停地变换姿势，或用手拍打物体，将你的意思传达给对方。

笑容背后隐藏的内心信号

笑是一道闸口，宣泄着人类几乎所有的情感。有时，笑是一种境界、一种感悟、一种智慧。从某种程度上来说，笑就是人生。就像没有了哭一样，没有笑，这个世界肯定会黯然失色。人类的笑可谓丰富多彩，如愉快的笑、善意的笑、含羞的笑、甜蜜的笑、调皮的笑、纯真的笑，以及自嘲的笑、歹毒的笑、奸诈的笑、悲伤的笑等。正因为如此，某一心理学家曾这样说道，如果一个人能计算出他一生中笑过多少次，他的智商可能比爱因斯坦的智商要高 20 倍。这当然是不可能的，这也就说明，人一生中会笑无数次。人类的笑尽管多种多样，但其中最常见的是下列几种。

1. 普通而常见的笑

这类笑在日常生活中最为常见，通常是表示谢意、歉意或友好，如上车时别人帮你提了一下包，你会对他报以浅浅的微笑，以示感谢；别人不小心踩了一下你的脚，他会面带微笑地看着你，以示自己的歉意；当朋友为你介绍某一个人时，你会面带微笑地看着对方，以示自己的友好，诸如此类的微笑还有很多很多。

2. 鼻笑

所谓鼻笑，即笑声从鼻子里发出来。多见于一些人在严肃、正式的场合看到了可笑的人或事，但又不能哈哈大笑，而只能强行忍住，通过鼻子发出笑声。此外，一些性格内向的人也喜欢使用此种笑的方式。他们之所以偏爱此种笑的方式，根本原因就在于他们担心自己笑的方式如果过于夸张会引起他人的注意，这就会让他们感到非常不舒服或不自在。

3. 窃笑

所谓窃笑，顾名思义，就是指偷偷地笑，且笑声较低也不长。多见于某人看到一件事情有趣而可笑的一面，而其他人却浑然不觉。不过，有时候一些人在看见别人遭到批评、失败，或是处于某种尴尬情景之中时，他们也会发出此种笑。所以，窃笑有时又有幸灾乐祸的味道。

4. 轻蔑地笑

此种笑多为人们所鄙视，但在生活中很常见。笑时鼻子朝天，一副"自以为老子天下第一"的表情，并轻蔑地看着被笑的一方。那些有权有势、高傲或自视清高的人在看见权势低下或地位卑微的人往往会发出此种笑。此外，在某些特定的情况下，正义的一方在面对邪恶力量的威胁、恐吓时也会露出此种笑，以示对他们的鄙视、轻蔑之意和自己勇敢、大无畏的精神。

5. 哈哈大笑

这是一种非常爽朗、豪放的笑，在生活中也十分常见。当一个人遇到非常高兴的事，或是终于实现了自己的某个理想、愿望时，通常会发出此种笑声。不过，有些时候，此种笑声也带有一种威压感，会震慑他人，从而使人心生戒备。女性若发出此种笑声，一般属于领导型人。

6. 嘻嘻地笑

这虽然是一种少女型的笑声，但很多成人也经常发出此种笑声。一般来说，在看见某些新奇、有趣的事物，或是看见某些滑稽可笑的人时，很多少女和一些成年人都会发出此种笑声。

真笑还是假笑，看眼周的变化

拍照时，我们喜欢说"茄子"，因为这个词语的发音可以使颧肌肌肉收缩，达到微笑的效果。不过，这样拍出来的笑容并不真实，因为当我们假笑时，只会在嘴的四周出现细纹，而当一个人露出真心的灿烂笑容时，眼角和嘴角都会浮现出细细的纹路。

要辨别真笑与假笑，就要先知道人的笑容背后隐藏的秘密。人的笑容是由两套肌肉组织控制的：以颧肌为主的肌肉组织可以控制嘴巴的动作，使嘴巴微咧，露出牙齿，面颊提升，然后再将笑容扯到眼角上；而眼轮匝肌可以通过收缩眼部周围的肌肉，使眼睛变小，眼角出现皱褶。

我们的意识可以控制以颧肌为主的肌肉组织。也就是说，我们自己可以命令这部分肌肉运作，即便我们的内心没有感觉到愉快，也能制造出嘴部的笑容。而眼部周围的眼轮匝肌的收缩却是完全独立于我们意识之外的，我们不能自主控制。只有内心真正的愉悦才能激发它的运作。所以在一张不真诚的笑脸上，细纹只会出现在嘴的四周。

不过，在某些夸张的假笑中，眼睛周围同样会出现细纹，因为颧肌肌肉群的完全收缩可以导致眼轮匝肌的收缩。当颧骨处的肌肉收缩至一团时，眼部四周会因为颧肌的挤压而产生细纹，看起来就像是真笑。这个时候你可以观察对方的眉毛部分。因为开心而面露笑容时，眉毛与眼睑之间的部分眼皮会向下移动，而眉尾也会随之微微下沉。

就像善意的谎言一样，善意的假笑也并不是没有一点可爱之处。我们不必对笑容锱铢必较。现实生活中绝大多数人都无法准确地区分真笑与假笑，而且只要看见有人冲我们微笑，我们大都会有一种满足感。既然有了这种满足感，我们也就不必每时每刻都去深究对方的笑容是真是假了。

而对于我们自己来说，我们提倡真诚的笑。但平时的"练习"也并不是假惺惺的。因为人在微笑或大笑的时候，不管是否真的有特别开心的感觉，左半脑里的"快乐空间"都会感到兴奋，而脑电波也会因此而变得活跃起来。这样的练习增多，人也就会变得爱笑，并且更多时候会发自内心地笑。

愤怒、悲伤的人也会笑

一般来说，笑往往是一个人心情愉快、高兴的反映，但这并不意味着凡是笑都是心情愉快、高兴的意思。在某些时候，笑也是一个人悲愤、愤怒、绝望、无可奈何等情绪的表现。

当一个人悲愤、哀伤的情绪到达顶点后，他不会表现出暴跳如雷的样子，相反，他的脸上还会露出几丝微笑，态度也表现得较为谦恭。这实际上表明此人已处于"火山爆发"的边缘，他心中的怒火随时可能喷涌而出。比如，两个年轻人因为某件小事吵了起来，双方谁也不肯退让，于是吵得越来越凶，两人的情绪也越来越激动。当彼此的口角矛盾到达顶点后，一方脸上可能没有了怒气，代之而起的是满面笑容，以及较为谦恭的态度。如果你据此认为脸上出现笑容的一方是害怕了，那就大错而特错了。他脸上之所以会出现笑容，根本原因就在于他认为自己心中的愤怒和对对方的敌意已到达了最高点。所以，他用自己的笑容来向对方暗示："你不要再说了，不然我对你不客气，因为我已对你忍无可忍！"如果对方依旧不依不饶地喋喋不休，那么他极有可能将雨点般的拳头"挥洒"在对方身上。

在熙熙攘攘的火车站，我们经常可以看见这样的情形：一个人肩背大包，手拉旅行箱，匆匆忙忙地向检票口走去。当他到达时，检票口的门已经紧紧关上了，此时他可谓是"喊天不应，叫地不灵"。于是他一边看着列车缓缓地从站台上驶出，一边懊恼地用手拍打着检票口的门和用脚跺着地，同时脸上还出现了几丝笑容。没有赶上自己的车，懊恼得用手拍门、用脚跺地，脸上却露出了几丝笑容，这当然不是愉快、高兴的意思。那如何来解释这种笑容呢？其实，这是一种无可奈何的笑，一种自嘲的笑，是掩饰自己内心的失望和窘态的一种手段。

很多人在遇到不高兴的事，或是遭遇某种重大的失败或挫折后，往往会到酒吧买醉。喝醉后，他们往往会在那儿大笑不已。这是否表明他们已经想明白了？或是已经相通了？非也，这个时候，他们的心情可能已经到了悲愤、失望乃至绝望的巅峰。因而，他们此时的笑，是一种无比绝望、无比痛苦、无比伤心的笑。

由此可见，不仅笑的种类丰富而多彩，笑蕴含的具体含义往往也是意味深长的。这的确值得我们好好品味、分析、探索。

从笑容看一个人的个性

笑，每一个人都会，但是你知道吗？笑也和人的性格有着千丝万缕的联系。

1.捧腹大笑的人

捧腹大笑的人多为心胸开阔者。当别人取得成就以后，他们有的只是真心的祝愿，而很少产生嫉妒心理。在他人犯了错以后，他们也会给予最大限度的宽容和理解。他们富有幽默感，总是能够让周围人感受到他们带来的快乐，同时他们还极富有爱心和同情心，在自己的能力范围内，会给予他人适当的帮助。他们不会嫌贫爱富、欺软怕硬，比较正直。

2. 时常悄悄微笑的人

经常悄悄微笑的人，除了性格比较内向、害羞以外，还有一种性格特征就是他们的思维非常缜密，而且头脑异常冷静，无论何时都能让自己洒脱地抽身而退，以局外人的身份来冷眼看待事情的发生、进展情况，这样可以更有利于自己做出各种决定。他们很善于隐藏自己，绝对不会轻易将内心真实的想法告诉给别人。

3. 狂声大笑的人

平时看起来沉默少语，而且显得有些木讷，但笑起来一发而不可收，或者经常放声狂笑。这样的人最适合做朋友，他们虽然在与陌生人的交往中表现得不够热情和亲切，甚至是有些让人难以接近，但一旦真正与人交往，他们十分注重友情，并且能够为朋友做出牺牲。基于这一点，有很多人乐于与他们交往，他们也会建立比较不错的社会人际关系。

4. 笑得全身打晃的人

笑的幅度非常大，全身都在打晃，这样的人性格多较为直率和真诚，和他们做朋友是不错的选择，因为当朋友出现错误和缺点以后，他们往往能够直言不讳地指出来，不会为了不得罪人而视而不见。他们不吝啬，在自己能力范围内对他人的需要总是会尽自己最大的努力。基于这些，在自己遇到困难的时候，也会得到来自别人的关心和帮助。他们会使大家喜欢自己，能够营造出很好的社会人际关系。

5. 小心翼翼偷着笑的人

小心翼翼地偷着笑的人，他们大多是内向型的人，性格中传统、保守的成分很多，而与此同时，他们在为人处世时又会显得有些腼腆。但是他们对他人的要求往往很高，如果达不到要求，常常会影响到自己的心情，不过他们和朋友是可以患难与共的。

6. 看到别人笑，自己也会随之笑起来的人

看到别人笑，自己就会随之笑起来的人，多是快乐而又开朗的人，情绪因为事情的变化而变化，而且富有同情心。他们对生活的态度是很积极的。

7. 笑的时候用双手遮住嘴巴

笑的时候用双手遮住嘴巴，表明他是一个相当害羞的人，他们的性格大多比较内向，还比较温柔。他们一般不会轻易地向别人说出自己内心的真实想法，包括亲朋好友。

8. 开怀大笑的人

开怀大笑、笑声非常爽朗的人，多是坦率、真诚而又热情的。他们是行动派，决定要做一件事情，马上就会付诸行动，非常果断和迅速，绝对不会拖拖拉拉。这一类型的人，虽然表面上看起来很坚强，但他们的内心在一定程度上非常脆弱。

9. 笑起来断断续续的人

笑起来断断续续，笑声让人听起来很不舒服的人，其性情大多是比较冷漠和孤独的。他们比较现实和实际，自己轻易不会付出什么。他们的观察力在很多时候是相当敏锐的，能观察到别人心里在想些什么，然后投其所好，伺机行事。

10. 笑出眼泪的人

笑出眼泪来是由于笑的幅度太大所致。经常出现这种情况的人，他们的感情大多相当丰富，具有爱心和同情心，生活态度积极乐观和向上，有一定的进取心和取胜欲望。他们可以帮助别人，并适当地牺牲一些自我利益，却不求回报。

第四章

透视心灵的窗户
——解密眼部微反应

眼睛和舌头说的话一样多

眼睛被誉为心灵的窗户，这表明它具有反映人的深层心理的功能，其动作、神情、状态是情感最明确的表现。爱默生曾对眼睛做过这样的描述，"人的眼睛和舌头所说的话一样多，不需要词典，却能够从眼睛的语言中了解整个世界，这是它的好处"。

关于眼睛透露的心理信息，主要包括以下几种。

（1）与人交谈时，视线接触对方脸部的时间在正常情况下应占全部谈话时间的30%～60%，如超过这一平均值，可以认为对谈话者本人比对谈话内容更感兴趣。比如，一对情侣在讲话时总是互相凝视对方的脸部。若低于此平均值，则表示对谈话内容和谈话者本人都不怎么感兴趣。

（2）倾听对方说话时，几乎不看对方，那是企图掩饰的表现。据说，海关的检查人员在检查已填好的报关表格时，通常会再问一句："还有什么东西要呈报没有？"这时多数检查人员的眼睛不是看着报关表格或其他什么东西，而是盯着报关人员的眼睛，如果你不敢坦然正视检查人员的眼睛，那就表明你在某些方面有问题。

（3）眼睛闪烁不定是一种反常的举动，通常被视为用来掩饰的手段或性格上的不诚实。一个做事虚伪或者当场撒谎的人，其眼睛常常闪烁不定。

（4）在1秒钟之内连续眨眼几次，这是神情活跃，对某事件感兴趣的表现；有时也可理解为个性怯懦或羞涩，不敢正眼直视而做出不停眨眼的动作。在正常情况下，一般人每分钟眨眼 10 ～ 15 次，每次眨眼不超过 1 秒钟。时间超过 1 秒钟的眨眼表示厌烦，不感兴趣，或显示自己比对方优越，有藐视对方和不屑一顾的意思。

（5）瞪大眼睛看着对方是表示对对方有很大兴趣。

（6）当人处于兴奋时，往往是双目生辉、炯炯有神，此时瞳孔就会放大；而消极、戒备或愤怒时，愁眉紧锁、目光无神、神情呆滞，此时瞳孔就会缩小。实验表明，瞳孔所传达的信息是无法用意志来控制的。所以，现代的企业家、政治家以及职业赌徒为了不使对方觉察到自己瞳孔的变化，往往喜欢戴上有色眼镜。当然眼神传递的信息远不止这些，有许多只能意会而难以言传，这就需要我们在实践中用心观察、积累经验、努力把握。

留心他人延长眨眼的时间

在正常的条件下，一个人眨眼的频率是每分钟 10 ～ 15 次，每次闭眼的时间也仅仅为 1/10 秒。但是，在某些特殊的情况下，为了某个特定的目的或是为了表达某种特殊的情感，一个人可以故意延长他眨眼的时间。如果你凑巧遇到某个人对你做出此种举动，就得留意他此举的含意了。

这里所说的拉长时间，并非你迅速地眨眼，再隔很长一段时间之后进行下一次的眨眼动作，而是每一次眨眼动作的时间被拉长。要实现这个目的，人们在每次眨眼时，眼睛闭上的时间就要远远长于正常情况的 1/10 秒。

为什么会出现这种情况？你自己可能并没有意识到这个动作，只是潜意识里这样做了。这或许是在潜意识里，你对眼前的人感觉厌倦，觉得谈话很无趣。我们在谈话中如果发现对方对自己做出这样的动作，我们就需要提醒自己是否是谈话内容实在不能引起他的兴趣？因为他的这种动作表明他已经不想再跟你继续讨论下去，所以他每次眨眼时眼睛会闭上 1 ～ 2

秒甚至更长的时间，希望你从他的视线中消失。

如果你发现你在讲话时，你的单独观众开始有了拉长眨眼时间的行为，你就需要采取措施来应对了。身体微反应学家亚伦·皮斯给出了这样的建议：如果你对自己的谈话内容很有自信，而认定是由于对方的高傲才导致这样的情况，你可以这样回敬他——当对方长时间闭着眼睛时，你可以快速地向旁边移动一步。这样，当他们再度睁开眼睛时，视线首先会投在你原来的位置，结果发现你不见了，突然出现在另外的地方，他们就会在态度上更慎重一些。当然，如果你发现他不只是拉长眨眼时间，同时伴有呵欠，那么你就可以结束这次对话了。

员工和老板谈话时，如果发现老板眼睛老是一开一闭，就表明老板对该员工的回答可能不太满意。为了改变老板的态度，员工可以这样做：改变谈话方式，重新引起他的注意，为此，可以在老板闭眼的过程当中，迅速地向左或向右跨一步。当他睁开眼的时候，就会产生一种错觉，认为你已经出去过了，现在又重新进来了，这样往往能让他开始留意你说话的内容。当然，如果是因为老板态度高傲而故意对你延长眨眼时间，也就没有必要采取此种方法了。此种情况下，你最明智的做法就是趁早离开这家公司。因为如此不尊重员工的老板，他的公司迟早会被淘汰。

瞳孔扩张暗示着情绪变化

日常生活中我们很容易观察到别人的手势、坐姿、表情等身体微反应，而对于眼睛的观察仅仅停留在暗淡无光还是炯炯有神的层面上，其实眼睛里还有很多值得我们去发掘的关键信息。人的眼睛通过数条神经与大脑连接，它们从外部获取信息，然后通过神经把信息传递给大脑。受到刺激的大脑又反馈信息给眼睛，于是人的心理也就在眼睛上表露出来。这就是"眼睛是心灵的窗户"这一说法的科学依据。

芝加哥大学研究瞳孔运动的心理学家埃克哈特·赫斯发现，瞳孔的大小是由人们情绪的整体状态决定的。一般来说，当人们看到对情绪有刺激作用的东西时，瞳孔就会扩张。例如，一个性取向正常的人，只要看到异性明星的海报，瞳孔便会扩张；但若看到同性明星的海报，瞳孔就会收缩。同样，当人们看到令人心情愉快或是痛苦的东西时，瞳孔也会产生类似反应。比如，看到美食和政界要人时瞳孔会扩张；反之，看到残疾儿童和战争场面时瞳孔会收缩——在极度恐慌和极度兴奋时，瞳孔甚至可能比常态扩大 4 倍以上。多年以前在美国进行的一项瞳孔研究调查显示：当男人观看色情电影时，瞳孔会扩大到原始尺寸的 3 倍；而女人则是在看到妈妈和婴儿嬉戏的图片时，瞳孔扩张最为明显。婴儿和幼童的瞳孔比成年人的瞳孔要大，而且只要有父母在场，他们的瞳孔就会始终保持扩张的状态，流露出无比渴望的神情，从而能够引来父母的持续关注。

赫斯还指出，瞳孔的扩张也与心理活动密切相关。例如，某个工程师正在冥思苦想努力解决某个技术难题，当这一难题终于被攻破的那一刹那，这位工程师的瞳孔就会扩张到极限尺寸。

青年男女在约会时，如果女方真正喜欢男方，那么她在注视男方的时候，其瞳孔会明显扩大，并用她那双水灵灵、圆圆的、含有无限柔情的眼睛凝视着对方。与此同时，男方在领会女方眼神的意思后，其瞳孔也会渐渐扩大。由于双方瞳孔扩大、双眼圆睁，这就使得彼此在对方眼中显得更为迷人、漂亮、潇洒，从而极易使双方变得激动起来。也正是这个原因，很多热恋中的青年男女在选择约会场所时，非常青睐那些光线阴暗的地点，比如，咖啡厅、酒吧等，因为在这些地方，双方的瞳孔可以放得更大一些。

这也正是美瞳眼镜的秘密所在，佩戴美瞳眼镜会让我们的瞳孔看起来更大，而较大的瞳孔会让你的眼睛更有神采，整个人也会显得更有活力。

关于瞳孔扩张的这一发现被研究引入了商业领域，人们发现瞳孔的扩张会令广告模特显得更有吸引力，从而吸引更多的顾客购买商品。因此，商家通过修改广告照片上模特的瞳孔尺寸，来提升产品的销量，尤其是模特的脸部特写镜头，例如，女性化妆品、护发产品和时装等。

很多棋牌游戏的高手之所以能屡战屡胜，最主要的原因就在于他们善于通过观察对手看牌时瞳孔的变化来揣摩对方手中牌的好坏。正如前面所说，当一个人处于兴奋、高兴的情绪状态时，其瞳孔就会明显变大；当一个人处于悲观、失望的情绪状态时，其瞳孔就会明显缩小。因而，他如果看见对方看牌时瞳孔明显扩大，则可基本断定对方拿了一手好牌；反之，当他看见对方看牌时瞳孔明显缩小，据此他又可以断定对方的牌可能不太好。如此一来，该跟进还是该扔牌，心里也就有底了。如果对手戴上一副大墨镜或太阳镜，那些玩牌儿的高手可能会叫苦不迭，因为他们不能通过窥探对方瞳孔的变化来推断对手手中牌的好坏，如此一来，他们的得胜率肯定会有所下降的。

通过观察一个人在观看某件物品时瞳孔的变化，进而推断此人对此物品或事物的喜恶程度，是很多销售人员，尤其是那些有丰富经验的零售人员的常用方法。比如，他们向某一顾客推荐某种商品时，就会非常留意顾客在看这件商品时瞳孔的变化，如果他们发现顾客在看这件商品时瞳孔明显变大，心里就会暗自窃喜，因为他们据此可以知道顾客对他们推荐的商品很感兴趣，于是他们就会向顾客要一个相对较高的价格。反之，如果他们发现顾客在看商品时，瞳孔明显变小，心里就会暗暗叫苦，因为顾客很可能对他们推荐的商品不感兴趣，相应的，他们就会向顾客要一个相对较低的价格，以此来吸引他的眼球。

向上看的眼睛希望博取同情

如果留心观察儿童的身体微反应，你会发现，小孩子犯错误被父母发现之后，经常会做出一种讨好的认错姿势——站在大人面前，脑袋不动，但是眼睛往上，看着大人，仿佛在说"我知道错了，请不要骂我"。这种既可爱又无辜的眼神让父母顿时心生怜爱，舍不得再对孩子进行责罚。

另一个惯用这一姿势的典型代表是优雅美丽的黛安娜王妃。下巴微微内收，抬起眼睛向上看，露出纤细的脖子，这个姿势几乎已经被黛妃艺术化了，她深知这样的姿势具有的吸引力。在婚姻遭遇危机时，黛安娜王妃用眼睛向上看这一标志性的动作赢得了全世界的同情。这种像孩子般的姿势触发了成千上万人的怜爱之情，特别是当人们认为黛安娜王妃遭到英国王室的攻击时，更是希望能像父母一样保护她。

在低头的同时抬起眼睛往上看，表达的是顺从谦恭之意。女人如果在男人面前做出这样的姿势，使眼睛显得更大的同时让女人看起来像个孩子，从而激起男人的怜爱之意。之所以会有这样的心理反应，是因为小孩子比成年人矮得多，看成年人的时候总要抬起眼睛往上看；久而久之，不管是男人还是女人，都会被这种仰视的目光激发出类似于父母般的情感反应。虽然人们平时不会刻意去练习这一表达顺从的姿势，但是大家心里都知道它会收到怎样的效果，如果你在下次约会时迟到了半小时，看见对方交叉着双臂、一脸不高兴时，做出这个眼睛向上看的姿势或许比你说"对不起"更有效。

目光转移代表屈服或拒绝

视线表达了一种关注感，被视线关注的人会自然地用心聆听凝视者的话。而视线还有其他的魔力——确立优劣地位和发表意见。

当两个人在交谈中产生第一次目光接触时，往往是弱势的一方会先把视线移开。所以，转移目光就是屈服的表示。以黑猩猩为例，一只猩猩想要发出攻击前，会用目光死死地盯着攻击对象。如果攻击对象是另一只弱小的猩猩，为了避免遭受攻击，它就会把目光移开，并且把身体缩成一团，让自己看起来显得更加瘦弱。

而不变的视线则确立了你的优势地位。当对方表达自己的意见或者观点时，你久久地注视对方，那就表示你不同意他的看法。这种表达意见的方法是委婉的，可以用在下级对上级发表意见时。比如，你和你的老板谈话，当对方的某个意见你不是很赞同时，你可以把注视他的时间拉得比平时稍长一点，这样他就会明确地感觉到你的态度。而你又不用明确地说出口，造成他的尴尬。当然，这一招也不能经常使用，因为长期表现出一种"欲言又止"的姿态会让对方怀疑你的态度和能力。

在谈话期间一直盯着你的眼睛的人，是想要表示跟你亲近的意思，对你有高度的关心。不管跟谁说话都会盯着对方眼睛的人，是想借由对方的表情来了解他的心，而且非常在意他人，对他人很关心。另外，还有一种人对别人有强烈的支配欲，通常对人会用很强烈的眼光。

如果对方快要跟你的眼神交会时，突然将视线移开，虽然表面上没有拒绝跟你说话，但是已经传递出不想再继续交谈下去的信息了，既不想再听你说话，也没有认同你的意思。移开视线且故意要让别人看出来的人，对对方抱有强烈的敌意与嫌恶，甚至不愿掩饰。如果在谈话期间视线一直没有交集，恐怕是因为对方讨厌你，不想被你左右。

影响注视时间长短的因素

心理学家达尼尔曾说过这样一句话，"敢于与对方做眼神接触表现了一种可信和诚实；缺乏或怯于与对方进行眼神接触可以被解释为不感兴趣、无动于衷、粗蛮无礼，或者是欺诈虚伪"。事实也往往如此。一家医院在分析了收到的大约1000封患者的投诉信后归纳出，大约90％的投诉都与医生同患者缺乏眼神接触相关，而这种情况往往被认为是"缺乏人道主义精神或是同情心"。

可见，只有注视到对方的眼睛，彼此的沟通才会建立。有些人在和我们说话时会使我们感到很舒服；而有些人和我们说话会令我们感到不自在或是不舒服；还有一些人在和我们说话时甚至会让我们怀疑他们的诚信。为什么会这样呢？这主要与对方注视我们时间的长短有关。

影响一个人注视对方时间长短的因素有哪些呢？具体来说，有这样3个因素。

1. 文化背景

文化背景不同的人注视对方的时间可能存在很大的差异。在西方，当人们谈话的时候，彼此注视对方的平均时间约为双方交流总时间的55％。其中当一个人说话时，他注视对方的时间约为他说话总时间的40％，而倾听的一方注视发言一方的时间约为对方发言总时间的75％；他们彼此总共相互对视的时间约为35％。所以，在西方国家中，当一个人说话时，对方若能较长时间看着对方的眼神，这会让说话的人感到很高兴、很舒服，因为他认为对方这样做，说明对方很在意他的讲话，或者是很尊重他。但在一些亚洲和拉美国家中，如果一个人说话时，对方长时间盯着他看，这会让他感到很不舒服，并认为对方很不尊重他。比如，在日本，当一个人说话时，如果你想表示对他的尊敬之情，那么你就应该在他发言时尽量减少和他眼神的交流，最好能保持适度的鞠躬姿势。

2. 情感状态

一个人对他人的情感状态（比如，喜爱或是厌恶），也会影响到他注视对方时间的长短。比如，当甲喜欢乙时，通常情况下，甲就会一直看着乙，这就会让乙意识到甲可能喜欢自己，因此乙也就可能会喜欢甲。如此一来，双方眼神接触的时间就会大大增加。换言之，若想和别人建立良好关系的话，你在和别人谈话时应用60%～70%的时间注视对方，这就可能使对方也开始逐渐喜欢上你。所以，你就不难理解那些紧张、胆怯的人为什么总是得不到对方信任了。因为他们和对方对视的时间不到双方交流总时间的1/3，与这样的人交流，对方当然会产生戒备心理。这也是在谈判时，为什么应该尽量避免戴深色眼镜或是墨镜。因为一旦戴上这些眼镜，就会让对方觉得你在一直盯着他，或是试图避开他的眼神。

3. 社会地位和彼此熟悉程度

很多情况下，社会地位和彼此熟悉程度也会影响一个人注视对方时间的长短。比如，当董事长和一个普通员工谈话时，普通员工就不应该在董事长发言时长时间盯着他，如果那样的话，他就会认为员工在挑战他的权威，或是员工对他说的某些话持有异议。这样一来，肯定会在他心里留下不好的印象。所以，和领导或上级谈话时，最好不要长时间盯着对方，你可以采取微微低头的姿势，同时每隔10秒左右和他进行一次视线接触。不太熟悉的两人初次见面时，彼此间眼神交流的时间也不宜太长，如果一方说话时，另一方紧紧盯着对方，这肯定会让对方感到非常不舒服。

游离的视线暴露内心的不安

在日常生活中我们经常可以遇见这样的情形，当你与一个人交谈时，对方的眼神总是闪烁不定，一旦碰到你的视线后，就会迅速将自己的眼神移开。此种条件下，你就会觉得他心中可能隐藏着秘密，或者是背叛了你。这种担心是有科学根据的，就心理学而言，回避视线的行为，往往被认为是一方不愿被对方看见的心理投射，也即隐藏着不想被对方知道某事的可能性非常大。

视线的转移往往是人内心活动的反映。在与人交谈的过程中，多留意一下对方视线的变化，或许你可能从中了解到很多更为真实的东西。

东张西望透露出来的内心独白是"外部环境很陌生，我需要认清它并找到安全逃跑路线"。如果你不相信，可以看看动物的反应。很多动物被带到一个陌生的环境中，它们的视线就会上下左右四处扫视，而且动作相当明显，甚至伴有头部转动的动作。而一旦受到惊吓，它们会立刻循着自己刚刚锁定的路线奔逃，一刻也不迟疑。这证明它们在东张西望里就已经选择好逃跑路线了。人类在新的环境中的环视动作比动物隐蔽得多，但摄像机还是能记录这些不安的眼神。所以，东张西望的神情是人们对于眼前的人或事缺乏安全感的表现。

目光转向其他地方是对谈话失去兴趣的表现，会让对方感受到自己逃离的渴望。这也是一种本能，那就是不愿意面对讨厌的人和事。所以当你和一个特别讨厌的人说话时，你本能地会想要看别的地方，寻找可能摆脱这个人的办法。大多数人没有办法生硬地拒绝别人，他们出于礼貌还是要把这次谈话进行下去，但内心的厌烦就会淋漓尽致地表现在身体微反应上。

如果你的瞳孔偏到一旁，那么你用这样的目光去看别人可以传达出不同的信号。

斜视的目光伴随着压低的眉毛、紧皱的眉头或者下拉的嘴角，那就表示猜疑、敌意或者批判的态度。你在公司会议上发表见解时，如果发现你的老板和同事大多用这样的目光来看你，可能是他们对你本人有意见，或者对你说的内容表示不屑。不管是哪一种，这时你的主张都没有办法打动他们。而女人们通常喜欢用这种目光表示感兴趣，同时眉毛微微上扬或者面带笑容,那就是很有兴趣的表现,恋爱中的人们经常将其视为求爱的信号。

虽然视线转移在很多时候是心虚的表现,但这并不意味着一个人在与对方发生视线接触时一有视线转移就表示心虚。在医学上,有一类人群被称为"视线恐惧症"患者,他们在与别人发生视线接触后,往往会立即转移自己的视线。因为他们觉得对方的目光太过于强烈,从而使自己的眼睛不由自主地剧烈眨动,这会让他们感觉非常不舒服。与此同时,他们的心理也处于一种矛盾的状态之中,一方面他们想如果与对方进行对视,会不会使对方感到不快;另一方面又想自己若是进行视线转移,对方会不会看透自己的心理。在这种进退两难的矛盾状态之中,他们越是焦急,就越是注视对方的眼睛;越害怕对方会看透自己的心理,强烈不安的心理情绪就越严重。一般来说,此种类型的人,他们之所以会产生"视线恐惧症",归根结底,是因为他们缺乏自信心。他们往往是通过别人眼中反映出的自己来认识和确认自己的存在价值。

此外,一个人不与对方发生眼神接触而进行视线转移,也可能与特定的文化背景有关。比如,前文提到的日本,按照他们的风俗习惯,相互介绍的时候,名望身份较低的人应该比名望身份较高的人鞠躬鞠得更深以避开眼神接触,这被认为是尊重对方的表现。

眉毛的变化体现喜怒哀乐

眉毛的主要功用是防止汗水和雨水流进眼睛里,除此之外,眉毛的一举一动也代表着一定的含义。可以说,人的喜怒哀乐、七情六欲都可以从眉毛上表现出来。

眉飞色舞、眉开眼笑、眉目传情、喜上眉梢等成语都从不同方面反映了眉毛在表情达意、思想交流中的奇妙作用。每当我们的心情有所改变时,眉毛的形状也会跟着改变，从而产生许多不同的重要信号。

1. 低眉

低眉是一个人受到侵害时的表情，防护性的低眉是为了保护眼睛免受外界的伤害。

在遭遇危险时，光是低眉并不足以保护眼睛，还得将眼睛下面的面颊往上挤，以尽最大可能提供保护，这时眼睛仍保持睁开并注意外界动静。这种上下压挤的形式，是面临外界袭击时典型的退避反应，眼睛突然被强光照射时也会有如此反应。当人们有强烈的情绪反应，如大哭大笑或感到极度恶心时，也会产生这样的反应。

2. 皱眉

一般人不会想到皱眉其实和自卫有关，而带有侵略性的、一无畏怯的脸，是不会皱眉的。

皱眉代表的心情可能有许多种，例如，希望、诧异、怀疑、疑惑、惊奇、否定、快乐、傲慢、错愕、不了解、愤怒和恐惧。要切实了解其意义，只有回头去找原因。

一个深皱眉头、表情忧虑的人，基本上是想逃离他目前的境地，却受制于某些条件不能这样做。一个大笑而皱眉的人，其实心中也有轻微的惊讶成分。

3. 眉毛一条低垂、一条上扬

两条眉毛一条低垂、一条上扬，它所表达的信息介于扬眉与低眉之间，半边脸显得激越，半边脸显得恐惧。尾毛斜挑的人，通常处于怀疑状态，扬起的那条眉毛就像是一个问号。

4. 眉毛打结

眉毛打结指眉毛同时上扬而相互趋近。和眉毛斜挑一样，这种表情通常代表严重的烦恼和忧郁，有些慢性疼痛的患者也会如此。急性的剧痛产生的是低眉而面孔扭曲的反应，较和缓的慢性疼痛才产生眉毛打结的现象。

5. 耸眉

耸眉可见于某些人说话时。人在热烈谈话时，差不多都会重复做一些小动作以强调他所说的话，大多数人讲到要点时，会不断耸起眉毛，那些习惯性的抱怨者絮絮叨叨时也会这样。

第五章

闻其声，可辨其人
——解密声音信号

声调泄露一个人的喜怒哀乐

日常生活中，声调复杂多变，人们往往根据声调获得的印象去识人。声调的确会表现性格、人品，有时也是预测个人前途的线索。从脸部表情、动作、言辞而无法掌握心态时，往往可以从声调去揣摩对方的喜怒哀乐等情绪变化。

1. 高亢尖锐的声调

发出这种声调的人情绪起伏不定，对人的好恶感也非常明显。这种人一旦执着于某一件事时，往往顾不得其他。不过，一般情况下也会因一点儿小事而伤感情或勃然大怒。这种人会轻易说出与过去完全矛盾的话，且并不引以为戒。

声调高亢者一般较神经质，对环境有强烈的反应，如房间变更或换张床则睡不着觉；富有创意与想象力，美感极佳，不服输，讨厌向人低头，说起话来滔滔不绝，常向他人灌输己见。面对这种人不要予以反驳，表现出谦虚的态度即可使其深感满足。

男性中发出高亢尖锐声调者，个性狂热，容易兴奋也容易疲倦。这种人对女性会一见钟情或贸然地表白自己的心意，往往会使对方大吃一惊。

声调高亢的男性从年轻时代开始即擅长发挥个性而把握成功机会，这也是其特征之一。

2. 温和沉稳的声调

音质柔和声调低的女性多属于内向性格，她们随时顾及周围的情况而控制自己的感情，同时也渴望表达自己的观点，因而应尽量让其抒发感情。

这种人富有同情心，不会坐视受困者而不顾，属于慢条斯理型。一天中，上午往往有气无力，下午变得活泼也是其特征。

带有温和沉着声调的男性乍看上去显得老实，其实有其顽固的一面，他们往往固执己见绝不妥协，不会讨好别人，也绝对不受别人意见影响。

作为会谈的对象，这种人刚开始难以沟通，但他们是忠实牢靠的人。

3. 沙哑声

女性发出沙哑声往往较具个性，即使外表显得柔弱也具有强烈的性格。虽然他们对待任何人都亲切有礼，却不会暴露自己的真心，令人有难以捉摸之感。她们虽然可能与同性间意见不合，甚至受人排挤，却容易获得异性的欢迎。她们对服装的品位很高，也往往具有音乐、绘画方面的才能。面对这种类型的人，必须注意不要强行灌输自己的观念。

男性带有沙哑声者，往往是耐力十足又富有行动力的人，即使一般人裹足不前的事，他也会铆足劲往前冲。他们的缺点是容易自以为是，对一些看似不重要的事情掉以轻心。

具有这种声质者，会凭着个人的力量拓展势力，在公司团体里率先领头引导他人，越受挫越会燃起斗志，全力以赴。这种声质者中屡见成功的有政治家、文学家、评论家。

4. 粗而沉的声调

发出沉重的、有如自腹腔而发出的声调的人，不论男女都具有乐善好施、喜爱当领导者的性格。他们喜好四处活动而不愿静候于家中，随着年纪的增长，体型可能也会变得肥胖。

女性有这种声调者在同性中间人缘较好，容易受到别人的信赖，成为大家讨教主意的对象，这种人是最好相处的。

有这种声调的男性通常会步入政治家或实业家的生涯，不过，其感情脆弱又富有强烈正义感，争吵或毅然决然的举止会使其日后懊悔不已。这种人还容易比较干脆地购买高价商品。

这种类型的人不论男女均交友广泛，能和各种类型的人来往。

5. 娇滴滴而黏腻的声调

女性发出带点鼻音而黏腻的声调，通常是非常渴望受到大众喜爱的人。这种人往往心浮气躁，有时过于希望引起别人好感反而招人厌恶。

如果是单亲家庭的孩子，则表明内心期待着年长者温柔地对待。

男性若发出这样的声调，多半是独生子或在百般呵护下长大的孩子。这种人独处时感到特别寂寞，碰到必须自己判定事物时会感到迷惘而不知所措。他们对待女性非常含蓄，绝对不会主动发起攻势。若是一对一地和女性谈话时，会特别紧张，因此这种人在别人眼中显得优柔寡断。

闻其声，可辨其人

《礼记·乐记》中有这样一句话："凡音之起，由人心生也。人心之动，物使之然也。感于物而动，故形于声。声相应，故生变。"即内心世界将会影响到人的声音。人们对事物的感情，也可以反映在声音之上。通过声音来识别人，不失为一条途径。

由于声音同大脑中某些感情有关的区域联系在一起，因此当某种情绪产生时，要想掩盖声音的变化是很困难的。

当一个人心情不佳时，声音听起来会很无助、没有生气，声调普遍较低；如果心情很好，声音听起来会轻松、活泼，声调往往轻快地上扬。

不仅是情绪，声音还能透露出人的内心世界，表现出一个人的文化内涵，传递出一个人的心胸、职业等信息。

　　声音洪亮的人，大多事业有成，他们是生活中的成功者。在婚姻方面，他们较受欢迎，更友好、更容易让异性兴奋，悦耳的声音常给人舒服浑厚的感觉。为人具有决断力，并在事业上受到他人青睐，且在面对同样的突发危急状况时，他们更容易被他人信赖。

　　而声音浑浊、吐字不清的人，通常被认为因口头上有欠缺，而有着较差的洞察力和社交能力。尤其口吃的人，因声音扭曲而显得不够聪明，能力稍差，不容易得到大家的认可。说话支支吾吾，显得人内心虚伪，心灵空虚。

　　当你同他人进行交流的时候，尤其是陌生人，不妨将他们的声音作为线索，从而对其进行初步的评价。

　　此外，声音的大小与性格也有着千丝万缕的联系。

　　喜欢大声怒吼的人通常支配欲强，此类人喜欢单方面贯彻自己的意志，喜欢以自我为本位。可以说，用大嗓门喋喋不休的人，是外向性格的人。为了使对方听懂他的话，所以说话的声调甚为明快，这表示他希望别人充分理解他的意思。这也是重视人际关系、擅长社交的外向型人的特性。尤其是他的想法被对方所接受、达到情投意合的境地时，他的声音就会变得更大，而且声调里会充满自信。

　　那些能够断然下定论的人，通常都是外向型人当中支配欲最强的人，这种人说话时，往往会强迫别人接受他的想法。因为他能够把自己的想法直率地吐露出来，所以这类人可以称之为正直的人。不过美中不足的是，他们很容易成为本位主义者。但是作为当事人，仍当局者迷。

　　声音小者，则多半是性格极为内向的人，他们往往在说话时压抑自己的感情，话不说到一定的份上，他们一般不会把内心的想法和盘托出。这种人尽管好滔滔不绝，却多半徒劳无功，说出来的话没有什么影响力。

语速是内心变化的指示器

人是最高级的动物，与其他低级动物相区别的主要特征之一就是人有自己的语言。语言系统是一套音义结合的复杂系统，是一个特别的装置。虽然它不是人们表达内心的唯一途径，但人在说话时，既是在进行一种思想的交流，又是心理、感情和态度的一种流露。其中，语速的快慢、缓急直接体现出说话人的心理状态。

一个人说话的语速可以反映出他的心理健康程度。一个心理健康、感情丰富的人在不同的环境下会表现出不同的语速。譬如说，面对一篇富有战斗力的激情散文时，会加快语速，借以抒发一种战斗的激情；而面对一篇优美抒情的散文时，又会用一种悠扬、舒缓的语气来表达那种美感。

在平时的生活、工作中，每个人也都有自己特定的说话方式、说话速度。这些是每个人长期以来形成的性格特征，是客观固有的，而且长期存在。

在现实工作中，我们可以更微妙地领略语速中透露出的各种人丰富的心理变化。我们可以根据一个人说话时的语速快慢，判断出他当时的心理状态。如果一个平时伶牙俐齿、口若悬河的人，当他面对某个人时，却突然变得吞吞吐吐、反应迟钝，这时候一定是他有些事情瞒着对方，或者做错了什么事情，心虚、底气不足。有些时候，也有一些特例，如一位男士暗恋一个女孩，他在别人面前都能够谈笑自如、幽默风趣，保持着正常的语速，一旦面对那个他喜欢的女生，他马上变得不知所措，不知道要说什么，说起话来也仿佛嘴里有什么东西，含含糊糊，一点都不连贯流畅。这样的信号就给我们以暗示：他喜欢她。

我们经常看到这样的情况，一个平常说话慢慢悠悠、不急不缓的人，面对一些人对他说出不利的话的时候，如果他用快于平常的语速大声地进行反驳，那么很可能这些话都是对他的无端诽谤；如果他支支吾吾、吞吞吐吐，半天说不出话来，那么这些指责很可能就是事实。当一个平时说话语速很快的人，或者语速一般的人，突然放慢了语速，这一定是刻意为之，想吸引他人的注意。

辩论赛的时候，每个辩手都保持着尽可能快的语速，并且流畅地表达自己的观点。如果能够在语速上胜对手一筹，不仅可以杀杀对方的锐气，也是增加信心的砝码。然而，当有些人在面对别人伶俐的口舌、独到的见解、逼人的语势时，或沉默不语，或支吾其词，一副笨嘴拙舌、口讷语迟的样子，很可能是这个人产生了卑怯心理，对自己没有信心，又或者被对方说中了要害，一时难以反驳。出现此类窘境，不仅有碍自身能力的发挥，也增长了对方的气焰。

此外，一个人说话的语速，显示出他的大脑有意识地处理信息的进度。我们在同他人交谈时，不要让自己的语速比其他人快。研究显示，过快的语速会让人感觉到压力，如果遇到语速比自己快的人，人们就会不自主地产生一种压迫感，从而对说话者的印象大打折扣。

解决的办法是我们尽量控制自己的语速，至少和其他人保持一样的语速。或者有时候，你可以使自己的语速比其他人稍慢一些，同时模仿他们的声调和语气。这样会让对方觉察到你的善意。尤其是双方的交流工具是电话的时候，你的"说话"就变得极其重要，除了重视内容，这些关于声音的细节一定要留意。

语速加快，可能是心中紧张或不安

在社会交往中我们常常会遇到这种情况，在与人进行面对面的交谈时，突然心中发慌、说话速度加快、语无伦次。紧张，是说话加快、语无伦次的主要原因，这往往令我们难以完整地表达自己的意思，使整个交往过程变得困难。

人们在面试的时候就会遇到这种情况：在被问到需要临场发挥而自己又没有准备的问题时，虽然嘴里噼里啪啦地讲了一大堆的话，但是不仅听者感到莫名其妙，就连自己都会觉得不知所云。如果遇到一些善解人意的主考官，他们就会给应试人员调整的机会，这样那些应试人员便会重新整理自己的思路，有理有据地论述问题了。

为什么会突然心中发慌呢？这是因为在关系到自己切身利益的重要时刻，自己就会给自己施加压力，内心紧张。

因此，当我们遇到对方突然语速加快的情况的时候，首先应该发自内心地感激对方，因为对方很重视你们彼此间进行的接触与交谈，很重视你的感受。其次应该以平和的语言和温柔的语气来平复对方紧张或者不安的情绪，当他认为我们很容易接近，而且也很乐意与之谈话的时候，他的紧张情绪自然会放松下来，这也是一个感情交流的过程，这个过程较之相互寒暄、彼此恭维效果好很多。

当然，我们倘若在与他人交往中出现这种情况时，也应该尽量放松自己的情绪，以一种平和的态度去对待彼此的交往过程，不要将自己的地位人为地划到一种自卑的境地，这样便不难克服紧张，将谈话很好地进行下去了。

顺着声音的线索，摸透他的心

西方学者将声音称为"沟通中最强有力的乐器"。然而，很多人都不知道自己的声音能给别人带来怎样的韵律。心理学家研究发现，人与人之间的交流 50% 以上是通过视觉，30% 左右是通过听觉，只有 5% 左右是借助实际语言。其中，30% 左右的交流就是通过人们的声音语调来实现的。这些被称为"副语言"的符号，是如何揭示人们的性格的呢？

1. 语调

语调通常分为低沉与活泼两种。拥有不同语调的人，性格往往也大相径庭。

语调低沉的人，无论男女，都非常迷人，因为它是性感、成熟的标志。低沉的声音在表达观点的时候，给人以安全感，能让人展现最佳的状态，像磁铁一样吸引别人。拥有这种声音的人让人感觉聪明可靠，意志坚定而很有自信，被认为是正直的人。

语调活泼的人，充满热情。他们性格开朗而直率，其语调给人精力充沛的感觉，能轻松地传情达意。热情的语调在吸引异性的时候，具有较大的优势，他们的声音让别人觉得他们很友好，并吸引那些快乐和乐观的人。

2. 响度

声音的响度主要分为高亢与低柔两种，每一种都对应着不同性格的人群。

说话声音高亢的人，通常有些神经质，但创意和想象力极强，从不轻易服输，讨厌受人摆布，好为人师，他们对环境有强烈的依赖性，若变更睡眠地点，很容易睡不着，一旦执着于某件事，会不惜一切代价去完成。这类男性通常个性狂热、性情冲动，女性多半情绪波动不定，但对人善恶分明。

说话声音低柔的人，比较容易自卑，做不出有影响力的决定。他们常常觉得自己不值得大声说话，不值得被别人听见，内心忧郁而矛盾。研究发现，这类人多在内心深处怀有一种深沉的悲伤。他们看起来很害羞、很安静，却也常常突然失去理性、爆发脾气。

3. 音调

音调一般分为高、低两种。音调高的人与音调低的人在性情方面大不相同。

说话声音低的人，给人一种浪漫优雅的美感，尤其是男士，会让女士觉得既优雅又性感，给人以有能力、稳重的感觉。不过，若男性将声音压得过低，则显示其没有安全感，认为自己用更低沉的声音说话别人会更尊重自己，实际上，故意压低声音很容易使人感到虚伪和做作，甚至令人讨厌。

第六章

身之所向即心之所往
——解密躯干信号

身体的倾斜代表好恶

　　在一种特定的姿势中，每个人都有自己喜好的身体指向，而这种指向往往与人的性格和心理状态相关。通常情况下，一个人的身体指向在每个场合都有较为明确的意义。比如，一个人头部低垂，身体前倾，双手紧紧交握在背后，迈出的步伐也非常慢，有时还可能停下来踢路旁的一个空瓶子，或是捡起地上的一张碎纸片看看，然后又随手一扔，好像在自言自语地说道："为什么不从另一个角度来看这件事呢？"很明显，从这个人的身体指向以及他的一系列动作上，我们就可以知道他传达着"不要来打扰我，我心事多着呢、烦着呢"的想法。

　　为了更清楚地了解一个人身体指向所表达的意义，我们可以假设这样一个情景：

　　你和几个同事坐在一起聊天，当你发言时，同事们都将身子靠在椅背上，静静地听着你说每一句话。就在你说得眉飞色舞的时候，忽然，你看见同事小张将自己的身体和椅背分离开来，身体前倾，并将前倾的方向直接对准了你。小张的这一姿势，可能会让你感到很不舒服。他为什么会这样做呢？原因很简单，小张之所以会做出那样的姿势，是因为他不同意你刚才说的话，打算反驳你的观点。如果你此时让他起来谈谈他的意见，他肯定会立即站起来，阐述自己的观点。一旦他阐明自己的观点后，就会马上坐到自己的椅子上，恢复原来的坐姿，同时，其身体朝向也会由原来的直指向你转为朝向其他方向。

其实，这种情况在日常生活中很常见。比如，当两个人进行交谈时，如果一个人想去买点东西，或是出去打个电话，他就会有意识地把自己的身体朝向门口，并表现出前倾的姿势，以此来向另一方暗示"对不起，我们可以先暂时停一会儿吗？因为我想出去一下"。当另一方意识到他的这一意思后，会很乐意地满足他的这一要求。当他办完自己的事情回来后，就会重新以一个认真交谈的身体姿势与对方继续进行交谈。再如，当你与一个久未见面的朋友突然在机场相逢后，两个人于是就在原地大谈特谈起来，好不爽快！没过多久，你发现朋友虽然在你说话时满脸笑容，却显得心不在焉。你低头一看，才发现他的脚和身体全都指向了安检口。顿时，你恍然大悟——原来朋友要去检票了。

同理，在各种商业谈判活动中，当一个人想结束谈判或是想离开时，他也会将自己的身体或两脚转向最近的门口，尽管他面朝着你，甚至还面带微笑。一旦你在谈判过程中发现对方身体摆出此种姿势，就应该立即转换一个话题或是采取其他的方式，将对方吸引到谈判中来。如果对方坚持此种身体姿势，那你就应该按照自己的条件来结束此次谈判，以便可以控制整个谈判局势。

所以，当自己在与别人交谈或是谈判时，应该随时留意对方的身体指向，一旦发现对方将身体或脚指向最近的门口处时，应该及时转换一个话题，或是友好地征询一下对方的意见（有些情况下，对方可能不是想和你中断谈话，而是不得不出去一下，比如，上厕所、接或打个电话等），以避免某些尴尬场面的出现。

身体姿势的开放与封闭

　　心理医生观察着对面的女性咨询者，她身体僵硬地坐在沙发上，背部挺直完全不靠向沙发背。双腿紧紧交叠在一起，脚踝相扣。而双手也紧握着放在膝盖上。医生递给她一杯水，然后开始与她交谈，咨询者渐渐松开了夹紧的双腿，最后放松了身体靠在沙发靠背上。

　　女咨询者的身体微反应都是一些封闭式的，包括交叠的双腿、紧扣的脚踝，以及紧握的双手等，这样的身体微反应暗示出她封闭的内心。心理医生递给她的水，使得她首先打开了合紧的双手。后来的交谈中，女咨询者渐渐敞开了心扉，表现在行为上，我们就看到了她渐渐呈现的开放式姿势。

　　从探知情绪的方法，我们可以看出心理情绪和身体姿势上的关系。封闭的内心导致了封闭性的姿势，而反过来这些姿势又强化了内心的封闭。既然心理情绪有积极和消极的区别，那么身体姿势也就有开放和封闭的不同。

　　开放性姿势就如我们上文所说的放松姿势，因为内心很安定，不担心外界有什么安全隐患，就会自然而然地舒展身体，毫无保留地展现自己，胸腔的轮廓也是打开的，肺部也能自由呼吸。除了上文提到的那几种动作，开放性动作还有一个重要的特征就是手心向外。我们把手心朝外翻转，继续移动，两臂就会自动向上伸展，从紧贴身体两侧到离开身体。

　　而封闭性动作首先就是皮肤的收紧，就像我们吃到了酸的东西，脸部肌肉就会不由自主地收缩。这是我们希望拒绝酸味的进一步侵蚀。封闭型动作的心理基础是想保护自己，比如，用交叉的双手来保护自己的胸腔。恐惧、压抑都会使我们做出封闭式的姿势，使我们潜意识里想回到胚胎的状态，似乎又可以感受到母亲子宫的安全。

　　公司聚会是我们练习观察开放与封闭姿势的绝佳机会。你会发现那些与人相谈甚欢的人所采取的姿势与那些沉默寡言、独自一人待在角落的人的姿势有很大的差别。一些人站着的时候习惯于保持双腿交叉、双臂抱于胸前的姿势。如果你观察得更仔细一点，你会发现这些人大多数时间都是一个人安静地待着，即使与人交谈，也保持着较远的距离，比人们惯常的普通社交距离要远得多。如果他们穿着外套，那么衣服的纽扣大概也是扣上的。这是内向的人在交际场合因不适应感产生的下意识的反应。

　　反过来，你也会观察到另外一些人，他们站着的时候双臂舒展，手掌置于身体前方，外套的衣扣是松开的，脸部表情显得非常放松；他们的身体重心放在一条腿上，另一条腿自然地伸向前方，一边说话一边做着各种手势，跟其他人的谈话听起来也很自然随意。

　　试试这个举动：加入一个相谈甚欢的小群体，确保你不认识其中的任何一个人；让你的双臂和双腿紧紧交叉，并且保持严肃的表情。很快，这个小群体的其他人就会一个接一个地做出双臂和双腿交叉的姿势，直到你这个陌生的参与者离开。你不妨走远一点观察，看看这个群体的人们是如何一个接一个地又重新恢复最初那种开放的身体姿态的。

　　反过来，身体姿势也可以影响人的个性。体态语研究学者赛弥·莫尔肖认为身体微反应不仅影响情绪，对人的个性的影响也比想象中要大得多。他认为，我们的身体微反应对思维具有反作用。如果我们经常陷于不必要的恐惧感，身体上也会封闭自己。但如果我们有意识地使自己习惯于开放性动作，就会学会自我克制，摆脱莫名恐惧，我们的思维也会获得更大的自由度。开放性动作使我们能够更乐意接受环境和其他对象提供的信息，所以经常有意识地使用开放性动作，久而久之就能改变我们的情绪，甚至性格。

防备的姿势与争论姿势

当人们预感自己可能会遭到某些批评或是受到伤害时，往往会不由自主地做出一些防备姿势。与之相反，当他们预感到某些事不会让自己受到批评或是受到伤害时，他们就会采取一些积极的竞争性姿势。心理学家下面的这个实验也证实了这一点。

实验中，心理学家一共邀请了200人，男女各占一半，其中有20名经理、180名销售人员，他要求所有参加试验的人讨论一个问题——如何快速提高销售业绩。在让他们讨论了20分钟后，心理学家要求销售人员派出一个代表上台发言。经过一番你推我让之后，那些销售人员最终让平日牢骚不断的约翰上台代表他们发言。

当约翰走上讲台时，心理学家仔细观察了台下20名经理的坐姿。他发现，几乎所有经理的坐姿都发生了改变，即由原先放松的姿势变为双腿交叉、双臂紧抱于胸前的防备姿势。这就表明，经理们已经预感到约翰的发言将会使他们受到威胁。他们的预感是有道理的。约翰在发言中，猛烈抨击了经理们落后、僵硬的管理模式，以及经常不能兑现他们对员工许下的承诺的行为。他认为，公司的销售业绩现在之所以会越来越差，这是一个非常重要的原因。因为，经理们那些落后的管理理念和失信行为已经严重打击了销售人员的工作积极性。与此同时，在约翰发言的过程中，心理学家还留意观察了销售人员的坐姿。结果发现，几乎所有的销售人员都采取了较为轻松的坐姿，并对约翰的发言表现出了浓厚的兴趣，他们要么把身体后仰，双手扶在椅子两旁，要么就是身体前倾，双腿张开，做出评价的姿势。

接下来，约翰在自己的发言中谈到了经理们应该如何更新管理理念。经理们一听到此话题后，仿佛士兵听到了长官的命令似的，都不约而同地将原来的防备性坐姿（双臂、双腿交叉姿势）变为阿拉伯数字"4"型（一只腿架在另一只腿上）的争论／竞争姿势。这实际上表明他们不同意约翰的很多观点，并在心里对约翰进行无声的辩驳。约翰发言结束后，心理学家询问了经理们刚才的心理想法。那些改变姿势的经理都承认，这的确是事实。

而有丰富经验的公关人员在看见对方做出此种姿势后会主动停下自己的发言，一般来说，他们往往会这样问道："我想你可能对我刚才所说的话有些想法，我愿意听听你的高见。"如此一来，对方就会产生一种被人理解、被人尊重的感觉，这也就给公关的成功创造了极为有利的条件。

欢不欢迎，看角度

身体微反应研究者发现，当两个十分要好或是非常亲密的人在窃窃私语时，往往会做出一些姿势来防止"第三者"的加入。比如，某天你独自一人去咖啡店喝咖啡，恰巧这天咖啡店的生意特好，不得已，你与一对热恋中的情侣共坐在同一张桌子旁。此时，如果你留心观察，就会发现这对情侣很快会采取一些"防御措施"来防备你这位"不速之客"。

通常情况下，坐在你对面的男性会把右腿架在自己的左腿之上，而这位男性的女友则会把自己的左腿架在右腿之上。如此一来，这对情侣用腿构筑了一个属于他们的小世界，借此向你表明"我们是情侣，你可以坐在这儿，但请你不要打扰我们"。接下来，你对面的男性很可能会将自己的茶杯放在你们共用的这张咖啡桌的中间，以再次向你表明"我们谁也不要侵犯谁"。如果你不小心"侵犯"了这对情侣的二人小世界，肯定会遭受对方白眼的。

那我们如何才能避免自己成为别人交谈时的"第三者"呢？很简单，你必须学会从两人交谈时站立的角度去判断对方是否接纳你这个"第三者"。一般来说，如果交谈的双方由开始的侧面相对而转为面对面交谈，或者就是直接的面对面交谈，这就表明交谈的双方有着封闭性的亲密感，这时，实际上是把第三人封闭在他们两人之外，不允许别人加入他们的交谈之中。此种情况下，如果你强行加入这两人的交谈之中，肯定会引起对方的强烈不满，甚至还可能导致某些误会的发生。如果交谈的双方都是侧面相对，并形成 60°～90° 的角。这就说明交谈的双方是开放性的非亲密关系，他们在心理上已经无意识地做好了允许"第三者"插足的准备。因为在他们交谈时的身体关系上，已经给"第三者"留出了余地。此种情况下，你就可以大胆加入他们的交谈。

　　苏姗与两个同事谈话，她站在两人中间，身体侧向左面的休伯特。主要的谈话在苏姗与休伯特两人中进行，苏姗右边的琳达感到她好像是多余的，于是自动退出了谈话。这时苏姗则与休伯特完全面对面地聊天了。

　　我们通常喜欢面对自己愿意接近的人和事物，而避免把视线对准我们所排斥的人和事。在这个过程中，我们以为自己只把视线挪开了，而实际上我们的身体也在潜意识中转移了角度，于是我们的好恶感就一目了然了。

　　苏姗显然更愿意和休伯特讲话，于是在三人会谈中把身体侧向了他，而如果休伯特接受了她的好意的话，他也会把身体侧向苏姗。那么，这两人的身体角度就会将他们与周边环境隔离开来，让旁人感到无法介入。

　　需要注意的是，如果你和另外两个人开始是呈开放性的三角形站立姿势进行交谈，但谈到一半时，你发现另外两个人成了面对面的封闭格局，只是偶尔把头朝向你说上几句，这就表明，他们想把你排出谈话之外，并用站姿向你暗示"你可以离开了，我俩想单独谈谈"。此种情况下，你最明智的做法就是赶紧离开，以免成为他们交谈中的"第三者"。

警不警觉，看腰臀

冷气充足的办公室里，新上任的经理坐在办公桌前翻阅文件。他的腰挺得笔直，后背绷得紧紧的。这样的坐姿坚持一天，下班时他觉得浑身酸软。回到家里，往沙发上一坐。整个身体就陷进柔软的沙发中，腰背臀都彻底地放松了下来。

这样的姿势转换，上班族们都不会陌生。在工作场合的全身紧绷与回到家里后的全身松弛天差地别。为什么会有这样的差别呢？因为腰臀与人的警觉度存在着联系。

我们在工作场合中，为了应付繁重的工作，会把精神调整到高警觉状态，以便随时应对突发状况。精神语言很自然地传达到身体，于是身体保持了一个"预备"姿势，挺直的后背与紧绷的腰臀都处在"蓄势待发"的状态。我们可以回忆我们的祖先在野外狩猎的情形，他们紧盯着猎物，全身紧绷，随时准备发动攻击。而起跑线上的运动员也是如此。双手撑地，脚尖蹬地，只等发令枪响，他们就能即刻冲出去。这些状态都与我们在工作中的状态类似，这也就可以解释为什么我们会如此警觉。

而当我们把一天的工作完成，回到相当熟悉的家中时，这个情形就完全改变了。家是每一个人心灵的港湾，你在这个地方拥有最大的安全感。所以你的大脑暗示你，一切都是安全的。既然不需要应对外界危险或者突发状况，你的身体也就无法进入待命状态了，所以彻彻底底地放松下来。

然而,这种放松并非弱势的表现。一般认为，当你全神贯注、充满警觉时，你应对外界的能力也会增加，也就是说挺直的后背和腰臀代表了一种强势，放松状态的人自然就是弱势了。可是实际研究表明，强弱双方恰恰相反。在两方的会面中，处于弱势的却是保持高警觉状态的人，有些时候甚至是有求于人的一方，而优势常常在放松腰臀的人这一方。

以下例子会让你更清楚地了解这一点。比如，员工向老板汇报工作，通常是老板潇洒地坐在他的"老板椅"上，双手搭在扶手上，一副很舒服的姿态；而员工则直直地站在一边，随时等待着老板的盘问。或者上门的推销员和他的顾客之间，也能看到这种姿势对比。

会面的双方应该都很清楚双方的地位，优势者的放松可以算得上是一种自信。他清楚地知道对方对他没有威胁，并且故意做出舒适的模样，仿佛是在对对方说："即便不是最佳状态，我也能应对自如。"而劣势地位的人用紧绷的身体来表达一种重视会谈的意思，他刻意让情况显得正式化，希望引起对方的重视。

拍抚肩膀——传递信心

在人类发明车子以前，肩膀担任着负重运输的重任，直到今天，肩膀也是最常用的负重工具之一，早年的商贩、劳役、挑夫等劳动者，都是以肩挑着货物兜售、运输，以此为生。因此，肩膀被视为责任、负担和力量的象征，双肩宽阔而厚实的人更容易获得他人的信任，被认为可以委以重任、值得信赖。

拍抚肩部的动作可以给对方打气，仿佛通过肩膀传递了力量。当生活、工作中遇到挫折或烦心事，如果家人或朋友拍拍我们的肩膀，我们就会感觉到很温暖。就像下属有时需要拍一拍上司的"马屁"一样，上司有时也需要拍一拍下属的肩膀。

比如，下属完成了一个任务后，上司可以轻轻拍一拍下属的肩膀，说："干得不错！"或者"我就知道你能顺利完成！"这样的动作能拉近下属与你的关系，增添他的信心。同时，这种拍肩的动作也能巩固你的权威。因为上司可以这样拍下属的肩膀，但一般情况下很少见到下属以同样的方式对待上司。

为什么拍肩能产生这种效果呢？我们来看看肩膀本身所传达的语言信息。一般的身体微反应研究认为，肩部的动作，能够表达威严、攻击、安心、胆怯、防卫等意思。因为肩部上下活动比较自由，所以能缩小或扩大势力范围，同时这些动作也易引起他人注目。向后缩的肩膀表示因积压的不平、不满而引起的愤怒；耸肩表示不安、恐怖；使劲张开两手的肩膀代表责任感的强烈；向前挺出的肩膀代表因责任重大引起的精神负担等。

中国古代武将穿戴盔甲，现代军人佩戴肩章，都是在有意强调肩部，以示威严。男人的西装，在肩部填入垫肩，使肩膀看起来较宽，以显示男性尊严。

这里有一些令人迷惑的地方，男性对自己的肩部如此重视，为什么会允许上司碰触，并且不会感觉到不适呢？可能的原因就是男性很容易对朋友敞开心胸，所以在朋友面前也不会设防，朋友之间就会经常有勾肩搭背的动作。这样的接触是他下意识地把其看成朋友间的友好表示，所以当上司使用这个动作时，他就觉得自己与这个权威的代表的关系已经更近一步了。

睡觉姿势透露的信息

睡眠几乎占去了人一生中 1/3 的时间，人在睡眠的过程中是潜意识最容易浮现的时候，因此睡姿也是一种无声的语言，可以看出一个人的性格和心理，对身边亲密的人，我们可以通过其睡姿对其做更深入的了解。医学上的研究也表明，一个人的睡姿与其心理、生理状态有不可忽视的联系。

雯雯最近工作很不顺利，只看报表数字的上司不断对她施压。她每天工作到很晚才睡，而丈夫发现雯雯的睡觉姿势与以往有了很大不同，从习惯的仰睡变成侧身蜷缩，有时下巴和膝盖几乎要靠在一起了。细心的丈夫询问当心理医生的朋友，朋友告诉他很可能是因为雯雯遇到了极大的困难，内心充满了不安全感。

蜷缩的姿势把柔软的内脏部分掩藏起来，所以这样的姿势会让人感到安全。繁重的工作压力让雯雯内心充满了焦虑和担忧，所以即便在睡梦中也出现了强烈的自我保护意识，把自己包裹起来。另外，这种蜷曲的姿势与婴儿在母亲子宫中的姿态很相似，我们通过动作来追忆当时的安全和舒适感，以此缓解内心的重负。其他的睡眠姿势同样传达出丰富的信息。

1. 俯卧：自信而有能力

采取俯卧式睡姿的人，大多具有很强的自信心，并且能力也很突出。在大多数情况下，他们都能很好地把握住自己。他们对自己有非常清楚的认识，知道自己的角色，也知道自己该做些什么。对于追求的目标，他们坚持不懈，有信心也有能力实现它。他们随机应变的能力比较强，知道如何调整自己。另外，他们还可以很好地掩饰自己的真实感情，而不让别人看出一点破绽。

2. 侧卧：随心而知足

脚、小腿、膝和脚踝部位完全重合且保持侧卧姿势的人，一般在生活中能保持相当的一致性，善于处理生活中的各种关系。他们能尽量按照他人的要求去做，因而能获得人们对他们的好感。喜欢侧卧的人多是漫不经心的人，不能说这种人对生活不投入，但很多时候他们会当一个生活的旁观者，或许他们只是在游戏人生。

事实上，这种人属于情绪型的人物，总是处在情绪的波动之中，做事情时感情色彩对他们的影响比较大。不过他们也有自己的长处，能很快忘记刚刚遇到的不快，而重新做自己的事。很多人都能与这种人和平共处，他们从不为自己树敌，不仅是耐心的听众，而且很多时候也愿作为参与者加入交谈中。在工作中，这种人一般都有很好的表现。当然也有大失水准的时候，这跟他们波动的情绪有关。

这种人对自己的内心世界也有较深的了解，深知自己存在的缺点，但并不打算去改变，他们始终认为人无完人，况且现在的生活已经相当不错了。人的欲望是无止境的，他们不愿去做无谓的追求。

3. 靠边式：不善于维护自己的权利

这种人不善于维护自己的权利或坚持自己的主张，而且他们的理智常否定他们没有依据的感觉。他们常觉得财产和朋友就要被别人抢走了，但理智上知道事实并不是这样。看到别人的升迁或进步，他们能感觉到威胁，但只要自己仍有生存空间，他们就不会奋起直追。

4. 握拳而睡：自我防卫意识强烈

握着拳头睡觉的人比较少，但也并非没有。这种人在睡觉时握着拳头，仿佛随时准备应战，这是心里比较紧张的一种表现。这一类型的人如果把拳头放在枕头或是身体下面，表示他正试图控制这种积极的情绪。如果是仰躺或是侧着身体睡觉，拳头向外，则有向别人示威的意思。

与握拳睡觉有着相近心理的是睡觉时双臂双腿交叉的人。这种人自我防卫意识比较强烈，不允许别人侵犯自己。他们的心理多数是脆弱的，很难承受某种伤害。他们对人比较冷漠、内敛，经常压抑自己而拒绝真情实感的流露。

5. 仰睡：快乐大方

喜欢仰睡的人多是十分快乐和大方的，在儿童时代通常是家庭中关怀和注意的中心。他们有安全感、自信心和坚强的性格。他们为人比较热情和亲切，而且富有同情心，能够很好地洞悉他人的心理，懂得他人的需要。他们性情坦率，乐于助人，也乐于接受别人的帮助。在思想上他们是相当成熟的，对人对事往往都能分清轻重缓急，知道自己该怎样做才能达到最好的效果。他们的责任心一般都很强，遇事不会推脱责任而选择逃避，他们对一切事没有任何借口，而是勇敢地面对，甚至是主动承担。他们优秀的品质赢得了别人的尊敬，又由于对各种事物能够做出准确的判断，所以很容易得到别人的依赖，也会为自己营造出良好的人际氛围。

6. 婴儿般睡姿：缺乏安全感

向一面侧卧，双腿和身体弯曲，怀中可能抱着枕头之类的物品，像胎儿那样蜷曲卧眠，这种人往往缺乏安全感，渴望得到保护。他们的独立意识比较差，对某一熟悉的人物或环境总是有着很强的依赖心理，而对不熟悉的人物和环境则多恐惧。他们缺乏逻辑思辨能力，做事没有先后顺序，常常是这件事情已经发生了，却连准备工作都没有做好。他们的责任心不是很强，在困难面前容易选择逃避。他们通常只与自己非常信任的人保持亲密关系，不愿冒险，只想过一种平静、安稳的生活。

第七章

双臂的权力宣言
——解密手臂微反应

双臂交叉——阻碍沟通的"冰山"

绝大多数人对双臂交叉这个动作所代表的含义都有共识，那就是：否定或防御。我们常常会看到彼此陌生的人们在感到不确定或不安全的时候摆出这样的姿势。我们先来看什么时候这个动作的出现频率比较高。站立的两个人谈话时会出现这个动作；身边皆是陌生人的公共场合，做出这个动作的可能性也比较大。

门铃响了，杰克打开门，看见推销员一脸谄媚的笑容。他不由得将双臂交叉抱于胸前，直直地瞪着推销员。杰克的姿势让推销员很失望，他努力说了一段广告词后发现杰克还是这个姿势，于是悻悻地走了。

这是个有经验的推销员，他明白杰克的姿势代表着什么，当尝试无果时就放弃了浪费精力的做法，去别的地方碰碰运气。

分析一下这些场景中双臂交叉的内涵。与人交流时，人们对所听到的内容持否定或消极态度时，通常会做出双臂交叉的动作。当你与他人交谈时，如果看到对方摆出了双臂交叉的姿势，你就应该立刻意识到自己可能说了对方并不认同的观点。做出这样的姿势后，对方即使口头上表示赞同你的观点，他的肢体语言已经很明确地告诉你，他并不赞成你的话，不会轻易地走出自己的世界，而你也很难融入其中。而一些公众场合中，面对很多的陌生人，人们通常都会交叉双臂，就好像在自己与外界之间筑起了一道障碍物，将你不喜欢或者觉得不安全的人或物统统挡在外边。

最根本的方法是找出对方摆出这种姿势的原因，对症下药，尽快使对方改变姿势，转变态度。因为，此时此刻，对方的观点与动作完全是相辅相成的关系：否定的态度决定了消极的姿势，而保持这一姿势又会使心中否定的态度得以维持和加强。如果你的说话方式能够得到他的认同，他自然能打开双臂。

另外，与其在对方做出这个姿势后再考虑应对措施，不如让他一开始就没有机会使用这个动作。比如说，你可以在谈话前就让他拿着什么东西，或是找一件事情让他做。被占据的双手是不方便做出这个姿势的，所以这个方法是最为有效的。

伪装起来的双臂交叉

完全的交叉双臂姿势显得非常明显，其传达的信号也较为明确——有些担心害怕，或是紧张压抑。所以，有些时候，我们就会有意识地使用一种较为不明显的方式——部分交叉双臂，来代替完全的交叉双臂姿势。最为常见的部分交叉双臂姿势就是把一只手臂从身体前面横过去，握住或摸着另一只手臂，从而形成一道较为隐蔽的屏障来保护自己。

不可否认，部分交叉双臂的姿势要比完全的交叉双臂自恃高明、隐蔽一些，但对方稍微留意，还是会心知肚明的。这里，还有一种比部分交叉双臂的姿势更隐蔽、更高明的掩饰自己担心害怕或是紧张压抑情绪的双臂交叉姿势，也即伪装起来的双臂交叉。

什么是伪装起来的双臂交叉呢？顾名思义，也就是一个人虽然做了双臂交叉这个动作，但他从身体前面横过去的那只手臂不是去抓另一只手臂，而是去触摸袖口、提包、手表、手链或者是衣服的上衣口袋，如此一来，便可以在身体面前形成一道屏障，使自己获得安全感。相比前面提到的完全的交叉双臂姿势和部分交叉双臂的姿势，伪装起来的双臂交叉可谓是极具迷惑性，所以，一般人很难看出来此姿势的真正含义。

　　一般来说，此种姿势常被那些公众人物所用。比如，一些影视明星在前往领奖台领奖时，有的明星会一边走一边用右手摸一下左面袖口上一条根本不存在的褶皱，或者用右手摸索左袖口上的扣子，有的明星则会去刻意调整一下手腕上的表带或者是做某些能够让一只手臂从身体前面横过去的其他姿势。他们之所以会做这些姿势，原因只有一个——掩饰自己的紧张不安情绪，同时获得心理上的安全感。不过，在细心的观众眼里，明星们这些伪装姿势没有任何实际意义，因为他们早已透过那些姿势知晓了明星们的紧张不安。

　　相比于男性整理袖口、拨弄表带等伪装姿势，女性采取的伪装双臂交叉姿势更具有隐蔽性。因为很多女性习惯于随身携带一个小钱包或手提包，这就为她们做伪装的双臂交叉姿势提供了绝佳道具。比如，在参加宴会时，如果你留心观察那些打扮得珠光宝气的女性时，就会发现这样一个有趣的现象：表面看来，那些女性非常开心、自信、落落大方，但是只要她们与人交谈，尤其是和陌生人交谈时，她们便会不由自主地用一只手横过身体去触摸那只提着手提包或是拿着小钱包的手。她们之所以这样做，原因只有一个——消除心里的紧张不安情绪。同理，那些在宴会上喜欢用两只手紧握香槟酒杯的女性（正常情况下，完全可以一只手拿酒杯），也是用一种非常隐蔽的方式在自己的身体面前构筑一道屏障，进而掩盖自己拘束不安的情绪。

　　此外，拉住自己的手也是一种变相的双臂交叉方式。人们在年幼的时候，当遇到某种危险或是某个陌生人忽然和自己说话时，为了减少心中的紧张、害怕感，往往会紧紧拉着父母的手，以便从他们那里得到温暖和安全感。但是，随着年龄的增长，尤其是在长大以后，在遇到危险或是感到紧张、不安的时候，就不会再去拉父母的手了。此种情况下，人们就会自己握住自己的手来代替父母的手，以此来获得安全感，放松自己的情绪。

其实，这种自己握住自己的手，也是手臂交叉姿势的一种。当一个人在台上发表演讲或是上台领奖时，为了抑制自己的紧张或兴奋情绪，他往往会采取此种姿势。

心理学家近来通过实验发现，即便是成人也需要从父母那里获得情感的安慰和支持，因为在成人心目中，父母永远是他们安全、宁静的港湾。因而，在日常生活中，我们可以经常看见这样的情景：某位先生或女士在遇到某种尴尬情景时，他（她）总会把两只手拉在一起，置于胸前；抑或是某位新来的员工在向同事们做自我介绍时，他总会把自己的双手紧紧拉在一起。这些成人之所以会这样做，根本原因就在于他们把自己的一只手当成了父母的手，以便获得一种替代满足感，进而重温儿时从父母那里获得的安全感。

当然，这种自我抚摸式的拉手，除了可以让一个人得到足够的情感慰藉外，还可以使他过度紧张的身体得到一定程度的放松。

强化的双臂交叉

正如前面所谈到的，当一个人感到某种危险时，他会采取双臂交叉的防御姿势，以避免自己受到伤害。而在一些特定的条件下，一个人则会采取强硬的、非常明显的双臂交叉姿势，如在双臂交叉的同时紧握拳头，或者在双臂交叉的同时两手紧抓胳膊等，以此来表明自己的态度或者某种情绪。

当一个人明显感觉到某种危险时，他就会在双臂交叉的同时紧握拳头，有时还伴有面红耳赤、咬牙切齿等姿势，以表明自己的敌意和防卫态度。

一旦处理不当，很可能就会对对方出现口头或身体上的攻击。如果出现此种情况，产生敌意的一方应该尽量克制自己，不要与对方在言语上发生争执或是肢体上产生冲突；另一方则应该迅速做出一些真诚、友好的姿势（比如，面带微笑看着对方，同时摊开手掌等）来缓解对方的情绪，以便了解对方对自己采取敌对态度的原因。

当一个人感到非常紧张，或是非常压抑时，他就会在交叉双臂的同时用两手紧抓自己的上臂，以防止他人察觉到自己紧张或压抑的情绪。有些时候，当一个人感到特别紧张或是极度压抑时，他在交叉双臂、用力紧抓上臂（有时因用力过大，以致手指和关节血液流通不畅而变得苍白）的同时，还伴有咬紧牙关、嘴角发抖等姿势。此种姿势在日常生活中十分常见，比如，当一个性格较为内向的人坐在台下等候自己发言时，或是当一个人第一次坐在机舱里等候飞机起飞时，再或是参加演讲比赛的选手在台下等候评审委员会宣布本次演讲大赛的一等奖获得者时，他们一般都会不由自主地做出此种姿势。那应如何来避免此种情况的出现呢？一般来说，可以这样做：尽量让自己的双手放在身体两侧，以免做出双臂交叉的姿势；然后深深地吸口气，以消除自己的紧张、压抑情绪。此外，还可以与坐在自己身旁的人小声地交谈几句，这也是一种不错的消除紧张情绪的方法。

需要注意的是，有些时候，社会地位对双臂交叉的姿势也可能会产生影响。一位领导在接见自己的下属时，即使他不交叉手臂，也会让下属们感到他高高在上的优越感。比如，某家公司在招进一批新员工后，每个部门经理都会对新来的员工进行自我介绍。通常情况下，这些经理在做自我介绍时，会跟新来的员工保持一段距离，双手背在身后，昂起头和新员工说话。他们几乎不会做出双臂交叉表示紧张或不安的样子。与之相反，那些新来的员工在听经理讲话时，则会双臂交叉，有时还会用双手紧抓上臂，因为他们在新领导面前感到有些紧张或是拘谨。

双手紧握泄露负面情绪

很多时候，当一个人双手握拳，我们就会认为他对自己充满了自信，因为他在摆出这个姿势的同时，脸上往往还带着微笑。但是，美国心理学家布莱德曼经过研究证实，在很多情况下，一个人做出此种手势其实并不代表他非常自信，与之相反，它代表此人正处于一种焦虑、紧张，或者是失望、悲观的情绪之中。

例如，当一个人将双臂环抱于胸前时，还加上了双拳紧握这个细节动作，表明这个人有着明显的防御意识，并充满敌意。紧握的双拳是他在极力克制自己的情绪。你也可以从他的其他身体微反应上看出这一点，比如，紧蹙的眉头、青筋迸发的脖子等。那么这个时候你最好识趣地停止滔滔不绝的诉说，否则说不定会真正地激怒他，使其将这种敌意付诸实际行动。

一般来说，销售人员、公关人员，以及一些服务人员会经常使用此种姿势，其通过此手势透露出来的负面信息也最为明显。比如，当一个销售人员在详细而周到地为某位顾客介绍完某件商品后，顾客却慢吞吞地说："我还想再考虑一下。"销售人员一听此话，知道自己刚才的话可能白说了，不由自主地就会把手紧握起来。虽然此时销售人员脸上依然带着微笑，但他紧握的双手已经透露出这样一个信号：心里非常失望，并且正在努力克制自己的消极态度。如果此时那位顾客不赶紧离开，还在店里东瞧瞧西望望，肯定会遭到这位销售人员的白眼或冷落的。

根据紧握双手时摆放的位置，布莱德曼将这一手势分为三种情况：其一是将双手握拳放在桌上，此种情况多见于各种谈判场合，其透露出来的负面信息较为明显；其二是将紧握的双手放在自己面前，此种情况多见于与朋友、上级交谈之时；其三是将紧握的双手放在腹部前方（处于站立状态时）或是大腿上（处于坐姿状态时），此种情况多见于师生及家人之间。

通过实验，布莱德曼还发现一个人紧握双拳时，其手举的高度和他心中负面情绪的大小往往是成正比的，即当一个人心情越糟糕、越沮丧、越失望时，其手举的位置就越高（但不会高过下巴），反之则越低。因而，当你在谈判或是销售某种商品时，如果发现对方紧握的手举得较高，说明对方对你所说的话或所推销的产品感到失望。如果你让他把这种负面情绪持续下去，即使你做出最大的努力也只会有一种结果——你所有的努力都会付诸东流！因为对方早就在心里否定了你。

此种条件下，要想完成谈判或是成功地向对方推荐某种商品，你就应该马上采取相应措施，来驱散对方心中对你的失望感。一般来说，你可以递给对方一杯咖啡，或是递给他一份公司简介，再或是递给他一份产品说明书。总之，你要递给对方一件小物品，让他的手里拿着这件小物品，从而使他们紧握的双手松开。如此一来，对方心里对你的警惕性就会降低，负面情绪也就随之大大减少了，这就十分有利于你和对方进行谈判或是向他推荐某种商品了。

双手叉腰和双臂交叉——不可侵犯

在美国西部牛仔片中，总能看到这样的画面：代表正义的牛仔昂首挺胸地面对敌人，他们的大拇指叉在胯部的口袋里，而把其余的指头伸在外面。手臂在身体两侧弯曲着，就像我们平常所做的叉腰姿势一样。

这种西部牛仔的姿势是在告诉别人"我是个男子汉，我可以支配一切"，而两手叉腰的姿势则让男性的身躯显得更加伟岸。为什么会有这样的效果呢？因为两手叉腰的姿势能够让人占据更多的空间，从而显得更加魁梧。

动物界中，很多动物也会用一些办法让自己看起来更强壮。比如，鸟儿们会抖动自己的羽毛，鱼儿会吸入大量的水以促使身体膨胀，猫和狗会努力让身上的毛竖立起来，这些做法的目的都是使得自身体积看起来更大，而更大的个头在动物界通常就是更有争斗力的表现。而体毛并不丰富的人类无法使用这种方式达到目的，于是他们想出了另一种方法，这就是双手叉腰的站姿。

当男人感觉自己的领地被其他男性觊觎时，他们就会用这样的姿势向入侵者发起无声的挑战。所以两手叉腰是一种明确的警告姿势，男性常用这个姿势震慑对方。

叉开的双手无疑能扩大你的影响范围，就像鸟儿们竖起的羽毛一样，双手叉在腰上也就像给我们自己安上一对翅膀，让我们的形态看起来更加庞大。在两个男人的站立谈话场合中，双方常常以这种姿势进行着友好对话，而事实上，两人都潜意识里使用这种姿势向对方传达着"我才是控制者，你说话最好要小心"的信号。有时候，男性会把拇指塞进皮带或者插进裤子口袋里，其余伸出的手指则指向了男性的生殖器部位，很多男人都用这种姿态来表现攻击性态度。

这种叉腰的姿势在女性中也能见到。比如，时装模特在进行 T 型台表演时，就会做出两手叉腰的动作，这是为了更好地展现女性魅力，从而为服装增彩。因为双手所放的位置正是女性身体弧度很大的部位，这个部位也是极具异性吸引力的地方，女性在潜意识里明白这一点，所以这种姿势也可以看作是一种炫耀。

总之，当我们看到一个人两手叉腰时，应该结合具体情境以及他在此之前的肢体语言，来进行综合考量，这样才能保证我们对他的态度做出准确的判断。

背着的双手——树立权威

在一些场合中，我们经常能看见这样一些人，他们高昂起自己的头，胸部向前挺起，双手背在身后，一只手握住另一只手。这实际上是一种充满优越感和自信的姿势。

心理学家通过研究发现，一个人在通过此种姿势表现优越感和自信心的同时，还会下意识地表现出一种大无畏的英雄气概，并把身体的一些脆弱部位，如喉部、心脏、肚子、胯下等，故意暴露出来。

把手放在背后这一姿势，除了可以显示一个人大无畏的英雄气概以外，还可以让一个人感到放松、自信，甚至是具有某种威严性。比如，当你在台下等候发言时，可能会感到有些紧张。这时，如果你悄悄地退出来，到外面背着双手来回走几圈，你的紧张情绪会大大减少，更为重要的是，你的自信心也会随之增强。再如，很多军官在检查新兵训练情况时，他们走到队伍前面时，往往会不由自主地把双手背在后面，高昂起自己的头，并把胸部微微前挺。如此一来，他们在新兵心中的形象顿时威严倍增。

很多没有携带武器的警察也较为喜欢采用此种姿势，尤其是那些巡警。如果你留心观察一下，他们非常喜欢背着双手、踮着脚，在某一区域内走来走去，这是借此向别人宣示自己的威严，进而去威慑那些企图犯罪的家伙。与之相反，那些随身携带武器的警察却很少采用此种姿势来表现他们的权威，他们更喜欢把双手自然放在身体两侧，尤其是靠近腰部的位置（这让他们可以轻松自如地从腋下或腰间拔出枪来，以应对一些紧急情况），因为武器能给他们带来足够的威严。所以很多时候，那些带枪警察根本用不着双手倒背的姿势，也会让那些犯罪分子胆战心惊。

需要注意的是，双手背在身后的姿势也不是一直都代表权威的，有的时候也可以代表挫败感。当然，代表挫败感的姿势与权威感姿势有不同之处。你会发现前者背在身后的双手，一只手抓住了另一只手的肘部下方。

握住手腕的动作标志着此人内心充满了挫败感，他握住自己的手腕，希望通过这个动作稳定自己，控制情绪。而抓握的位置越高，此人心中的挫败感或愤怒情绪就越强烈。另外，当一个人内心有着挫败感时，他也会不由自主地收缩前胸，这种含胸驼背的姿势与胸膛挺起的示威姿势是完全不同的。做出这个姿势的人此时不希望自己软弱的内心暴露在外人面前，所以下意识地收缩，希望求得内心的安全感。

这样的动作还会体现出动作者极度不自信，对眼前的事物有畏惧感。所以在面试中，你一定要刻意留心自己不要做出这些动作，聪明的面试官会一眼看出你内心的紧张与不安，而你不自信的样子也难以给他们留下好的印象。

双手放在臀部两侧——做好准备

孩子们在和父母辩论时，运动员在比赛开始时，拳击手在拳赛开始时，以及对擅自闯入自己地盘的人发出警告时，通常会做出这样的动作姿势，即把双手放在臀部两侧。这是一种使用非常普遍的方式，是用来告诉对方，自己信心十足，已经做好准备了。同时，这种动作姿势还能使一个人占据更多的空间，并且能够把突出的手肘作为武器，使他人不敢靠近自己或者从身旁经过。当一个人把双手放在臀部两侧的同时，还稍微向上提起自己的手臂，这实际上是在向对方暗示"你尽管过来吧，我一点也不惧怕你，因为我已经做好了攻击准备"。有些时候，即使把一只手放在臀侧也暗示着同样的信息，尤其是当一个人用手指指向想攻击的目标时更是如此。这种姿势的含义在世界各地大同小异，但在马来西亚、菲律宾等地，这种姿势表示带有更强烈的怒意或是义愤填膺的意思。

现在，行为学家将双手放在臀部两侧统称为"做好准备"，即动作发出者信心十足，已经做好了行动的准备。不过有些时候,这种姿势又被叫作"成功者"姿势，特指那些准备克服万难或者准备采取行动的目标性很强的人。很多时候，男性也喜欢在异性面前使用此种姿势来表现自己自信十足的男子汉气概。

正因为"做好准备"这一姿势具有较为丰富的意义，所以我们在判定这一动作姿势的具体含义时，不能搞"一刀切"，而应考虑施动者做出这个动作时的具体场合，以及他在做这个动作之前所做的其他动作。只有这样，你才可能明白施动者的真实意图。比如，此时动作发出者的大衣是敞开到身体两侧，还是扣上的呢？如果是扣上的，则说明此人现在情绪可能比较低落；如果此人的衣服是打开的并把衣服直接敞到身体两侧，则说明此人目前情绪状态较为亢奋，具有较强的攻击性；如果此人在保持敞开衣服状态的同时，把双脚张开，牢牢地直立在地面上，或是双手紧紧握拳，那你就得格外小心了，因为此人的这些姿势表明，他已经做好了攻击的准备。

有些时候，专业模特会特意借用这种具有侵略意味的准备动作使观众产生她们身上的衣服极为摩登的视觉感。另外，在某些情况下，有的女性仅仅把一只手放在臀侧，而另一只手却做出一些其他动作，往往也能引起异性的注意。恋爱中的女性就尤喜欢使用此种姿势来突出自己的女性魅力，进而让男友时刻注意到自己。

自我拥抱是一种自我安慰

自我拥抱这一动作常见于女性，当她们沮丧、害怕的时候，常常交叉双臂把自己抱住，这是当她们得不到亲人、朋友的安慰时，采取的一种自我安慰的方式。

职场新人小媛上班第一天就遭到了老板的责骂，她沮丧地回到家里，把自己关在卧房，双手抱膝坐在床上，并且把头深深地埋在怀里。这样蜷缩成一团的姿势让她显得格外脆弱。

在遭受挫折或者遇到悲伤的事情时，女性通常会采取这样的姿势来安慰自己。这种给自己的拥抱是对童年的一种回忆。在我们的幼年时期，如果遇到难过的事情，或者处于一种紧张的气氛中，我们的父母或看护人就会将我们拥进他们的怀中，用温馨的怀抱舒解我们悲伤、不安的情绪。

长大以后，当我们感到紧张不安的时候，我们常常会模仿长辈的动作来安慰自己。比如，情境再现中的小媛就是这样，在完全私人的空间里（她的卧室），她的身体微反应很明显地表达出了她的内心情绪，此刻的她极需要一个温暖的怀抱，就像小时候妈妈的怀抱一样。

我们成年后，在公开场合往往不会做出明显的拥抱自己的动作，比如，双臂交叉，紧紧抱于胸前，或者像情境再现中的小媛的蜷缩怀抱姿势，因为这会让公开场合中所有的人都看到我们内心的恐惧。

通常而言，女性会用一种较为隐晦的方式来替换这种过于明显的肢体语言，如单臂交叉抱于胸前的姿势。这是一种隐晦的自我拥抱，女性只使用一只手臂，让它在身体前部弯曲后抓住另一只手臂，从而在自己与对方之间形成一道障碍，拒绝对方的进入，看起来就好像是在拥抱自己。

这样的动作我们在车站等候处或者电梯间等场合经常见到。因为这些场合通常围绕在身边的都是陌生人，所以女性会产生更强烈的不安感。另外，在参加一些社交活动或工作会议时，也常见女性做出这种动作，因为这种姿势可以与其他人保持一定的距离，表露出动作者内心的不安与缺乏自信。

握手中的控制与顺从

通常情况下，握手是人们见面时表示问候、离别时表示再见的一种礼仪，但是，有些时候，通过握手也可以来表达控制和顺从的意思。

　　如何通过握手来向对方表示控制或顺从的意思呢？一般来说，当一个人企图通过握手来向对方表示控制的意思时，他会采取这样的姿势与对方握手：握住对方的手掌后，迅速转动双方握在一起的手，使自己的手掌朝下，手掌不必完全面向地面，但与对方的手比较，他的手掌朝下，以此来向对方表示"在我们接下来或是将来的交往中，我要掌握控制权"。当一个人打算通过握手来向对方表示顺从之意时，他会在与对方握手时将自己的手掌向上，以此来向对方表示"我不打算跟你争夺控制权，你想要，就给你吧"。不过有些时候，一个人与别人握手时手掌向上并不代表顺从，比如，当他手部患有某种疾病时，在与对方握手时，他就不得不给对方一个柔弱无力的握手，这就很容易使他的手掌向上。而此时他的内心可能和对方一样，也试图控制对方，只是自己的身体状况不允许罢了。此外，一些音乐家、画家等人，在与人握手时他们的手也会显得柔弱无力，但这并不意味着他们不想与人争夺控制权，只是他们的工作全靠手，为了避免自己的手遭到意外伤害，他们才会做出顺从的姿势。

　　正是由于通过握手可以表达控制和顺从的意思，因此很多时候我们可以通过观察一个人握手时的姿势来了解他的个性特点。一般来说，性格温和、内向的人在与人握手时通常会采取顺从的姿势，而性格外向、脾气火暴、霸道的人与人握手时，通常会采取控制性的握手姿势。有趣的是，当两个性格温和、内向的人握手时，他们通常会表现得温文尔雅、谦卑有礼；当两个性格外向、脾气火暴、霸道的人握手时，他们之间就会爆发一场"争夺战"，因为他们都想让对方的手掌采取顺从的姿势，以便自己能取得控制权。由于两人谁也不肯让谁，结果双方的手掌都呈垂直姿势，从而形成"老虎钳"式的握手。如此一来，双方便形成了一种平等、融洽的关系。

头枕双手——骄傲自信

一般情况下，头枕双手的姿势经常见于管理层人员身上，刚得到晋升的男性经理也会突然开始习惯于做这个姿势，尽管他们在被提拔之前很少做出这种姿势。通常是管理者在他们的下属面前做出这个姿势。

某公司职员们发现刚刚晋升的销售部经理突然间有了这样一个习惯动作：当他坐在自己的椅子上时，喜欢把头向后仰，然后用双手枕住，使得双臂弯曲折在脑后，形成一个类似于羽翼的形状。于是，很多职员偷偷笑他——越来越有官相了。

晋升以前，经理并没有经常做出这种头枕双手的姿势，但晋升成功后却让他养成了这个习惯。由此可证明，这个动作与他的新身份有相衬的地方。

头枕双手的姿势也可以看作是两手叉腰姿势的坐姿版本，和两手叉腰时一样，手肘颇具威胁意味地向外凸出，唯一的不同点在于两只手不是叉在腰上，而是放在后脑勺上。这个姿势往往会和4字腿坐姿或者展示胯部的姿势相结合，显示出当事人不仅自我感觉良好，而且还想要获取支配地位。同样，这也基本上属于男性专用的身体姿势。男人们通常用这种姿势给其他人施压，或者故意营造出一种轻松自如的假象，以麻痹你的感官，让你错误地产生安全感，从而在不知不觉中踏中他预先埋好的地雷。

这种姿势代表着自信和无所不知，那些自我感觉高人一等，或是对某件事情的态度特别强势、自信的人，就会经常做出这个姿势，仿佛在对旁人表示"我知道所有的答案"，或是"一切都在我的掌控之中"。

当碰到经常做出这种姿势的人，我们的应对措施因性别而略有差异。假如你是一名男性，而与你同级别的男性同事经常做出这种姿势，代表他常常有优越感。如果他的这一姿势造成了你心理上的不舒适，你只需要跟他一起做出相同的姿势就能有效地应对他的挑衅。因为通过模仿他的动作，你们之间又重新形成了平等的地位。

　　女性一般情况下都不会做出这个姿势，所以如果你是一名女性，而对方做出了这种姿势，而这个姿势又让你感觉受到了胁迫的话，你不妨递给他一些资料，他就会自然地伸出手去接住这份资料或者其他东西。你也可以站起来和他说话，这种站立的姿势会强迫这个男人不得不改变自己的坐姿，以便能继续跟你交流。当他停止这种姿势后，你可以重新坐下。如果他再度双手抱头，你可以再次站起来。

第八章

股掌之间暗藏玄机
——解密手势信息

我们的手也会"说话"

手在人们日常生活中的用处很大，我们做许多事情都离不开双手。我们在用手做事的同时，不经意间也悄悄地暴露出许多我们自身的性格特征。

习惯用右手做事的人，左脑比较发达，在他们的性格中，理性的成分要多于感性。他们做事有条理，逻辑性强。

习惯用左手做事的人，右脑比较发达，在他们的性格中，感性的成分往往要多于理性。他们具有很丰富的想象力和很强的创造力，感觉比较准确和灵敏。

修长纤细的手指是敏感的象征。有修长纤细手指的人大多是相当敏感的，他们常常会对一些事情进行无端的想象和猜疑，自寻烦恼。他们感情丰富，但性格有时稍显懦弱，常常是别人一个无心的动作和话语，就给他们带来莫大的伤害。

具有短粗手指的人，多数是积极的，有强烈的责任心。他们对任何一件事情，一旦打算要做，就会全身心地投入其中，有始有终地把它完成。他们比较坚强和固执，多会选择一些判断力、敏感度很高的职业来做。

总是紧握着拳头的人，可能是缺乏安全感，所以防御意识比较强。除了缺乏安全感以外，经常握着拳头的人，能够关心体贴他人，富有同情心而又善解人意。

一般而言，喜欢留长指甲的人占有欲很强，并且随时做好了争取的准备，只要时机一到，就会立即行动。这是一类容易招惹是非的危险性人物，他们总是能够随心所欲地给他人施加痛苦或者欢乐。

有些人习惯一只手放在另外一只手上面，这要分两种不同的情况来说明。如果是左手在上而右手在下，说明这是感性思维比较强的人，他们一般会依照自己的直觉和抽象的推论来完成某件事情；相反，则表明这是理性思维比较强的人，会依循客观实际来做事。

喜欢用手势对有声语言进行补充、解释和说明的人，常常会在描述一些事物时进行夸张，以增强说话的效果。他们的性格中感性成分往往要丰富一些，有些多愁善感，容易引起别人的注意。

喜欢把双手放在背后的人，多比较沉稳和老练。他们为人特别谨慎和小心，自我防卫意识比较强，时刻做好了防止他人偷袭的准备。

经常把指关节弄得嘎嘎响的人，其脾气多是暴躁、易怒的，遭遇一点事情就明显地坐立不安。所以，从某一方面来讲，他们并不是很成熟的人。这一类型的人表现欲望也很强烈，他们希望别人能够给予自己更多关注的目光。

掌心的方向——翻手为云覆手雨

一个小小的手掌动作能传达出不同的内心感受。最常见的手掌动作有两种：手心示人和手背示人。翻手为云，覆手为雨，两种动作便可导致两种完全不同的心理感受。

1. 以手心示人表达善意

把手心示人通常让人们感到的含义是表示服从和妥协，可以说这是一种表达善意的手势。为什么这么说呢？这个动作首先让我们联想到乞丐乞讨时的惯用动作，表达哀求之意。而从历史上看，这个动作应该是人们用来告知对方"我的手中并没有武器，我是友好的"。

表达友好的手心向上动作也经常见于我们的生活之中。比如，礼仪小姐在指引路线时，就会用手心向上的动作指明前进的方向，代表了一种友善的诚意。而向某人介绍另一人时，也会用手心向上的手势指着被介绍者，这其中还蕴含着尊敬之情。

另外，我们也经常见到表示妥协的手心向上姿势。当丈夫遭到妻子的责骂时，通常会双手一摊，表示"我的确什么也没干过"。这个姿势既表明自己的清白，也有着承认错误并且妥协的意思，不希望妻子继续声讨他。但撒谎的男人一般来说就不会做这个动作，他会下意识地隐藏自己的手心，而敏感的妻子就会发现有什么地方不妥。

举起一只手并以手心示人，表明自己想要发言，或者想引起注意。而将手掌按压于心口之上，表明自己的真心。基督教徒对着圣经发誓时，也把手心按在圣经上面，以示自己没有撒谎。

2. 手心向下表达权威

当手心向下或者隐藏其手心时，代表了一种权威性。

一般来说，这个动作由上级对下级做出，在无形中强化了领导的身份但不会带来消极影响。不过，假如双方的身份和地位平等，当做出手心朝下的动作时，对方很可能会表示拒绝。因为感觉到了施动方想控制他的暗示，而通常男性是不会希望同级别的另一个人指挥自己的。

这个动作在生活中有了变体，身体微反应专家亚伦·皮斯曾在他的著作《身体微反应密码》中以夫妻牵手为例，提出我们能从牵手动作中察觉谁是这个家庭更有权威性一方的观点。通常为男性会稍稍走在另一方的前面，而他的手也就自然而然地压在了跟在他后面的妻子的手的上方，其手心面朝后方。他的妻子由于位置稍稍靠后，其手心也就会很自然地向前迎合丈夫朝后展开的手掌了。这个小小的细节已经体现了男方在这个家庭拥有主导的权力了，也暗含了他的强者姿态。

摩拳擦掌——跃跃欲试

摩拳擦掌用来形容人在进行某项活动前的兴奋、期待之情。这并不是文字的夸饰，这个形容词绝对是源于生活的，现实中人们的确常常会用摩擦手掌的动作来表达对某一事物的期待之情。

比如，会场主持人一边搓着手掌，同时对听众说"下一位就是我们期待已久的某某先生"。掷骰子的人在掷出以前，往往会用手掌不停地搓骰子，以期自己成为赢家；满脸通红的孩子跑进家门后，摩擦着手掌对父母说"这学期我又考了第一名"。

有趣的是，观察一个人搓手速度的快慢，还可以知晓他对事物的期待程度和他内心的情绪状态。如果一个人急速地搓动着双手，则说明他非常期待某件事情的发生，或是极度渴望自己能做成某件事情，此种情况下，他内心的情绪肯定是较为急切的。反之，当一个人慢慢地搓着手，则说明他在做关键性抉择时犹豫不决，或是将要做的事情可能会遇到很大的阻力，此种情况下，他内心的情绪是摇摆不定的。

需要提醒大家的是，我们理解每个动作的含义都不能离开它的使用背景。比如，摩拳擦掌，并不是任何时候都代表了兴奋和期待。寒冷的冬季，你看见一个摩拳擦掌的人，他可能也像掷骰子的人一样往手心里哈气，但那仅仅是因为太冷了，想要摩擦生热而已。

整个手掌的互相摩擦能表达兴奋心情，但只揉搓拇指和食指指尖的动作就另有含义了。东西方在这个动作的含义上达成了一致，一般都用来暗指金钱，或是表达索取金钱的意愿。

不过，人们对于金钱，总是会产生一些负面的联想。尤其是中国人，向来不喜欢公开地谈钱的问题，所以做这样动作的人就容易引人反感。当你的身份是销售者或者其他需要博得对方好感的身份时，千万要控制住自己的手，不要经常做这个动作。

紧握双手——挫败感的标志

在一次商业谈判中，甲方代表看到乙方代表放在桌子上的双手紧紧地握在一起，而且越握越紧，以至于他的手指甲都开始泛白。甲方代表于是胸有成竹地提出了自己的要求，结果乙方居然轻易地答应了。

甲方代表自信地提出要求，是因为他从乙方代表的身体微反应中就已经读出了他的内心所想。紧握双手的动作体现的其实是一种拘谨、焦虑的心理，或是一种消极、否定的态度。谈判专家尼伦伯格与卡莱罗曾经针对这一动作开展过专项研究，其结果显示，如果有人在谈判中使用了该动作，则表示此人已经有了挫败感。这就意味着，在他的心中，焦虑与消极的观点开始蔓延。所以甲方代表判定自己在谈判中已经占据了主导地位。

我们通常会认为紧握的双手是自信的标志，因为施动者通常还伴有面部微笑。而实际上，内心真正轻松且自信的人很少会做这个动作。因为紧握的双手互相用力，仿佛在找一个可以依靠和发泄的场所，体现出来的心理语言不是紧张就是沮丧和焦虑。

紧握双手的动作按照其紧握双拳的位置大致可以分为：脸部前握紧的双手；坐下时，将手肘支撑在桌子或膝盖上，然后握紧；站立时，双手在小腹前握紧。

在这一动作中，不同的位置，体现着不同程度的焦虑，你可以由此判断动作者的内心焦虑感程度。因为双手位置的高低与此人心理挫败感的强烈程度有十分密切的关系。通常情况下，当一个人将两只手抬得很高而且双手紧握的时候，即双手位于身体的中间部位时，要想与他有进一步的沟通就会变得很困难。比较起来，如果他的双手位于身体下部的时候，你想要与他交流就会显得更加容易。

那么，当你发现对方紧握着双手，如何做才能让他解除防备，从而畅快地交谈呢？当你发现对方将手放到了所谓的难沟通区，你就必须要想办法破解它。改变谈话的内容是一方面，但一些小技巧的使用会更快捷。你不妨停一停，为他递上一杯茶或者递给他其他物品。这些物品需要他拿在手上，如此一来，他也就没有办法采取双手紧握的姿势了。这些小技巧看起来并没有什么高明之处，但人的潜意识能影响外部动作，反过来外部动作也是可以影响潜意识的。所以当你让对方做出了开放性姿势，他才能更容易地接受你的意见；否则，紧握的双手就会和交叉的双臂一样，将你的所有观点和想法拒之门外。

十指交叉的双手显示权威

心理学家近来研究发现，在各种形式的体语中，最不受重视却最有力的非语言信号是人的手掌，尤其是十指交叉的双手。如果能将十指交叉这一姿势使用得非常正确和得体，它就会使使用这一姿势的人显得非常自信和有权威，并且还能对别人产生一种无形的控制力。

一般来说，当一个人坐于桌前时，十指交叉置于下巴的前方，两胳膊肘抵放在桌面上，头微微扬起，双眼平视前方，胸部稍微前挺，双肩自然下垂并由此给人一种脖子挺直的感觉，这就是一个典型的自信姿势，并能给人一种威严感。

很多时候，当人们在谈话或是聊天时，常常会有意无意地将自己的十指交叉在一起。最常见的姿势是把十指交叉的双手平放在胸前，面带微笑地看着对方。也有的人将十指交叉的双手放在桌面上，或是放在自己的膝盖上，这种动作，常见于发言者。发言者做出这个动作，表明其正在侃侃而谈。一般来说，这个动作是充满自信的表现，但有些时候并非如此。比如，某个员工在发言会上陈述自己的观点和意见时，随着发言的进行，人们发现他十指不由自主地紧紧地交叉在了一起，由于太过用力，其十指关节也变得苍白。他的这一手势表明，他此时不是自信而是非常紧张。因而心理学家研究后认为，十指交叉在某些条件下也是一种表示紧张、沮丧心情的手势，表明使用这个手势的人在极力掩饰其窘迫或挫败感。

一般来说，十指交叉这一手势最受女性的青睐。十指交叉的方式不同，其所代表的意义也是大相径庭的。如果一个女性喜欢用双肘支撑着交叉的双手，或是喜欢把下巴放在交叉的双手上面，则说明其是一个非常自信的人。如果一个女性在站立时喜欢将十指交叉的双手置于胸前，则表明其具有很强的戒备心理，她可能在感情或是生活上曾经受到较大的伤害。她之所以做出这个姿势，就是在尽力保护自己，以免再一次受到伤害。如果一个女性将自己的头置于十指交叉的手上，则说明其可能在后悔或思考自己的某一决策或行为。

很多情况下，一个人十指交叉手势位置的高低与其情绪状态有关。一般来说，当一个人把十指交叉的双手置于胸前或是腹部时，则说明其情绪状态较为积极、高亢，对自己充满了信心，同时也会让其显得神秘。当一个人把十指交叉的双手置于腹部以下时，则说明其情绪状态较为低落、消沉，同时也会让其显得坦诚无欺。

托盘式手势——表达倾慕之情

当女性面对心仪的对象时，经常会做出托盘式手势——双肘支撑在桌上，两只手搭在一起，把下巴放在双手上。女性通常借助这一手势来吸引心仪男性的注意力。假如对面的男子颇让自己心动时，女性常常把自己的双手当成托盘，把自己的脸当成置于其上的精美工艺品，呈现在对方的面前，希望他能细细品味。

　　婚姻中的女性并不经常做出这个举动。但在结婚纪念日，夫妻二人共进烛光晚餐，妻子在丈夫对过往的回忆中，找到了恋爱时的感觉。他似乎又变作了当年那个让她仰慕的男子了，所以她情不自禁地摆出了托盘式的姿势，告诉对方"你让我很有兴趣，我在仔细倾听你的话"。

　　托盘式的姿势除了表示对对方本身或其谈话内容感兴趣，还可以表达恭顺之意。女性做出这个姿势时，突出了自己柔和的面部线条。这也是与男性的区别之一，由此展现的女性特质会让异性格外注意。而如果你身处工作场合，面对着谈判对手，那么这样的姿势就会让你处在弱势。

　　用双手托住头的姿势如果稍加变化，能表达出完全不同的含义。如果你是一个会议的发言人，当你在滔滔不绝的时候发现有的与会者把双肘支撑在桌子上，把头撑在手掌上，但并不是用交叠的手背做出托盘式姿势支撑头部，而是用双手手掌托着自己的下巴，那么你千万不要觉得对方是在向你表达仰慕或者恭维，这是他已经厌烦了你的讲话，甚至有了几分倦怠，所以用手撑着头，以免自己倒头就睡。

　　托盘式姿势和双手托腮的姿势，除了手心的朝向不同，它们所用的力度也不同。托盘式姿势看起来是用手背托着头，但为了突出脸部线条的女性是不会使用很大力度的，她们的下巴只是轻轻贴着手背，避免挤压而破坏脸部轮廓。而双手托腮就不同了，做出此动作的人目的是为了不让疲倦的大脑陷入沉睡，而用手托住，这时，头部重量是完全压在手掌上的。这也是常见的休息姿势之一，总之它表明的就是施动者不想参与到与你的交流之中。

抓头和拍头的姿势

　　抓头和拍头是最常见的两种头部姿势，其意义也非常丰富。具体来说，拍打头部这个动作多表示懊悔和自我谴责。比如，当一个人忘记某件事时，一番冥思苦想后也没有一点头绪，但在某一个瞬间，又忽然想起来了，这时他多半会拍一下自己的脑袋，叫一声"想起来了"。再如，当一个人对某个问题苦苦思索良久后，仍想不到好的解决办法，忽然之间有了灵感，也会做出拍脑袋的动作。还有，当一个人到达火车站后，看见自己要乘坐的火车已经启动，正缓缓驶出车站，这时他可能也会拍两下脑袋，以示自我谴责，后悔自己太贪玩，以致没有搭上火车。

不过，虽然同样是拍打脑袋，但部位有所不同，有的是拍打后脑勺，有的是拍打前额。一般来说，拍打后脑勺的人多半处于思考状态，他做出此种动作的最大目的就是放松自己，以便想到更好的办法；而拍打前额，则表示当前面对的事情不管是好还是坏，至少已经有了一个结果。

某些情况下，拍头或抓头这一姿势也可以表示懊悔或恼怒中急欲反戈一击，以便让自己挽回颓势或败势。至于动作者会不会真的动手攻击对方，需要根据当时情形判定，一般而言，威吓对方的成分居多。若是女士，则往往以此种动作姿势来吓唬对方，以掩饰自己恼羞成怒或者懊悔连连的情绪状态。有时候，女士在做此种动作姿势时，还会混合着另一种动作共同使用，即用手假装梳理头发，以便向对方暗示"你可要小心点，最好别惹恼我，不然让你吃不了兜着走"。有些时候，男性做出摸后脑勺的动作姿势是在为其扬手打对方做准备。

此外，行为学家通过研究发现，一个人若是经常摩擦颈背，则说明其性格较为倔强，甚至有点固执己见，同时还喜欢以挑剔的眼光看待别人。一个人若是经常摩擦前额，则说明其性格较为和蔼、开朗，能虚心接纳别人的意见，同时在与人相处的过程中，他往往会细心呵护对方，因而其人缘非常好。

摸耳朵——反感信号

在我们的五官中，耳朵所能表达的身体微反应是非常少的，这是因为在一般情况下，耳朵本身是不会动的，它要依靠手的动作，才能够表达出它所要表达的意思。

我们在上学时，老师经常教导我们要养成举手发言的习惯，但是随着年龄的增长，我们不愿意再举手发言，因为我们觉得这样做很难为情。所以当我们感觉对方的话题非常乏味、无聊，或者对话题的内容感到反感想要打断对方的时候，通常会出于本能地举起手，但往往在手伸到一半时就会立刻缩回来，而为了要掩饰自己的行为，就会改变成一种扯耳朵或摸耳垂的微妙动作。

所以，当你在与一个人进行交谈时，如果发现对方有扯耳朵或摸耳垂的动作，这很可能就是对方要打断你的话或对你谈论的话题反感的信号，这时你不妨停止自己的长篇大论，转而让对方开口发言。这样，对方反而会认为你是一个通情达理的人，因为你允许他积极地参与谈话，并且尊重他的感受。

但是，在某些情况下，一些人有了这样的动作，其实并不是想打断你的话或对你的话题产生了反感，例如，有些人在内心焦虑或紧张不安时，也会做出扯耳朵或摸耳垂的动作，这就如同一些人在心里烦躁不安、紧张焦虑时，鼻尖上会冒出大量细小的汗珠一样，是一种心态的特殊反映，所以我们应该区分看待。

遮蔽动作——逃避现实

遮蔽动作通常和压力、恐惧有关，例如，用手遮住脸、嘴唇或者耳朵，当人们听到噩耗或目睹惨剧时，常常会用手捂住自己的整张脸，这是表示他们不想再听到或者看到那些可怕的事情。

同样，如果一个孩子不想听到父母的训斥，他会用手堵住自己的耳朵，阻止那些责骂声钻进耳朵里。而儿童在说谎时往往会十分明显地用手触碰自己的脸。比如，当一个孩子撒谎的时候，他会用一只手甚至两只手捂着自己的嘴，似乎正试图让那些谎话不再从嘴里冒出来。如果他看到了某些可怕的东西，他就会用手或者手臂遮住自己的眼睛。当他逐渐长大以后，这些手势就会变得更迅捷而且越来越不易被人察觉，但是在掩饰自己的谎言或者做伪证的时候，仍难免做出这些下意识的手势。

电影院正在上演惊险大片，主人公命悬一线的镜头让玛丽紧张万分。她似乎早已忘记了自己的观众身份，完全融入剧情之中。她用双手紧紧捂住自己的嘴，似乎害怕自己因为紧张和恐惧而叫出声来。

捂嘴的动作属于遮蔽动作的一种，经常见于女性身上。当她们看到令人恐惧、忧伤或者使人情绪紧张的事物时，总会不由自主地用双手捂住自己的嘴。这个动作一方面阻隔她们内心深处的呼喊，另一方面也给了她们自己贴心的抚慰。这种可以看作抚摸嘴唇的动作有它自己的根源。

捂嘴可以看作是对母亲的回忆，因为这个动作直接刺激了嘴唇。我们出生后就自动掌握了一套动作，比如，吸吮动作。我们像所有哺乳动物一样会自发地寻找母亲的乳房，并且用吸吮动作获取乳汁。这时母亲的皮肤与我们的嘴唇亲密接触，我们在吸吮乳汁时感到安宁平和。而这份触感及心情就一直存在于我们的记忆中。成年后的人一旦内心焦虑或者动荡时，就会不由自主地回忆起幼年期的安宁感，而捂嘴这个动作用触觉激发了我们的记忆，让我们从中获得了内心的平静。

自我抚摸——寻求心灵的安慰

当人们紧张、情绪低落、遭遇挫折时，会不自觉地借助各种不同形式的自我抚摸来安慰自己，给自己打气。例如，用手挠挠头皮，梳理一下头发，并抚摸后颈，女性则通常会双手环抱着身体，用手摩挲手臂，这正是寻求被保护、进行自我安慰的典型动作。

每个人都有亲密接触的欲求，这方面女性的欲求大于男性，儿童的欲求大于成人，小孩子如果跌倒或者受到其他伤害，第一个反应就是让妈妈抱抱，身体上的亲密接触可以消除恐惧，获得安全感。随着年龄的增长，成年人不能像小孩子一样再向别人索求拥抱，人们也无法随时随地地得到亲密接触，因而转换成自我抚摸来满足亲密接触的需求。常见的自我抚摸动作有以下几种。

1. 头部区的抚摸
比如，抚摸额头、挠挠头皮、抚摸头发、轻捏脸颊、用手托脸等。

2. 颈部区的抚摸
抚摸颈部的前方、后方。

女性尤其喜欢抚摸颈部前方，当她们听到使内心不安的事情时常常不自主地用手掌盖住自己的脖子前方靠近前胸的部位。

3. 手部的抚摸
摩挲自己的手背、吸吮手指、咬指甲等。

当你发现女性出现这些下意识动作时，可以给对方适当的安慰和身体接触。但是不能太过，轻轻拍一拍对方的肩是最适度的安慰。因为女性的这些动作虽然是渴求接触的表现，但她们强烈的戒心依然会反感你过度的接触。

4. 脸部的抚摸

例如，用手抹脸、轻捏脸颊、双手捧着脸。

此外，前面提到的双手环抱姿势也是自我抚摸的一种，在女性当中很多见。

5. 间接自我抚摸

有些动作看起来与自我接触扯不上关系，实际上也是一种间接的自我抚摸。比如，撕纸、捏皱纸张、紧握易拉罐让它变形等。这种间接的自我抚摸也刺激到了我们的触感。并且你可以发现，当一个人的挫折感或者不安全感越来越重的时候，这样的动作出现的概率更大，人们似乎希望借这些动作来发泄并稳定情绪。

表示自我的拇指

在身体微反应中，拇指常被用来表示称赞，或者是用来展示优越感、控制权，甚至侵略性。但在具体的手势语言中，拇指的姿势只起到一个辅助作用，它往往需要与其他姿势相结合才能表达一个完整的意思。

心理学家研究发现，拇指的姿势是积极的信号，说话时喜欢跷大拇指的人往往具有坚强的性格，喜欢以自我为中心，是典型的力量型人。一般来说，他们具有较强的支配能力，有颇为优越的地位，因而很喜好争强好胜。与人交谈时，如果他们将拇指的指尖指向自己，那就是在向对方暗示自己的优势地位。

有的人常常喜欢把拇指从口袋里露出来，他们之所以这样做，是想掩饰自己的霸道态度。一些性格霸道或者颇具侵略性的女性往往也会采用此种姿势来显露她们的本色。有些时候，一些人在做出拇指姿势的同时还会踮起脚，以便显得高人一等。

拇指虽然只有两根，但其蕴含的意义非常丰富。一般来说，跷大拇指是表示"好""真棒"的意思。有些时候，一些人跷起大拇指是为了向别人显示自己的优越地位，比如，一些大款在向别人炫耀自己时，往往会挺胸腆肚，并用拇指指着自己说"我这人什么都缺，就是不缺钱"。一些喜欢吹牛的人在向别人吹嘘自己时，也喜欢使用拇指来配合自己的有声语言。比如，在饭店中，我们经常可以看见这样的情景：某位喝酒喝得满脸通红的人，用拇指指着自己对着同桌的年轻人说道："我也不是吹，哥们儿在单位里可是说得上话的人！你放心，你那点儿事，包在我身上！"

古罗马时代，贵族蓄养战俘或者奴隶做角斗士。这些角斗士通过互相打斗，甚至和野兽搏斗谋取生存机会，胜利者接受贵族的赏赐，而失败者则由斗兽场的观众决定他的生死。而决定的手势就是贵族们握拳伸出大拇指，如果大部分人将大拇指竖立起来就表示同意留他一命，如果大部分人将大拇指朝下，这个角斗士就要被杀死。

所以竖立的大拇指除了表示对对方的赞赏，还有一种贵族身份的炫耀感。做此手势的人也会相当自信。

在一些特定场合，当拇指被用来指向某一个人时，就变成了讥笑或贬低他人的意思，这是非常不礼貌，也是不尊重别人的表现。比如，一群男性聚在一起谈论各自妻子的时候，某位男性握着拳头将大拇指指向自己的妻子，并侧过身对其朋友说："女人嘛，也就那样，你对她越好，她就越不知足，所以最好还是不要对她太好！"在这种情况下，很可能会爆发一场口水战。因为，女性最为恼火的就是别人，尤其是男性，用拇指指着她们。一般来说，女性不会在说话时用拇指去指别人，但如果某个陌生人或是自己的丈夫，让她感到非常气愤时，她们也会偶尔用拇指去指着对方。

所以，无论在何种场合，也无论是对谁，我们都不应该用拇指指着他。如果你确实想称赞或表扬他人，应该面带微笑，将手平伸出去，然后将拇指上扬，这样才能真正表达你对别人的赞扬和钦佩之情。

既然大拇指代表了一种自信，男人们总是在潜意识里寻找机会露出大拇指。不过，在众多肢体语言当中，拇指的动作属于二级语言，通常需要配合其他动作或手势来使用和理解。通常情况下，拇指的动作往往都是褒义的，或是带有正面效应的。

1. 双臂交叉抱于胸前，将双手的拇指露在外面且保持向上竖立的姿势

如果某人在双臂交叉的同时，露出向上竖立的大拇指，那么就可以看出此人内心的优越感极强，而且相当有自信，认为情况都在他的掌握之中。而且他并不介意人们意识到这一点，所以在他说话的过程中，他会活动他的大拇指以引起对方的注意。通常在说到重点内容时，他的大拇指活动的幅度会格外大，用以提醒对方。

而交叉的双臂则能够保护自我，给他安全的感觉。而拇指向上的手势代表动作者十分自信。这就使得这个动作包含了双层含义，既说明存在防备或否定的心理，又通过外露的拇指体现出了此人的优越心理。而假如他们处于站立的姿势时，往往也会以脚跟为轴心，前后摆动身体。

2. 双手插入衣服或者裤子的口袋，而把拇指留在外面

这种动作很常见。凡是感觉自己高人一等，或是处于优势地位的人，无论男女，都会在不经意间做出这样的动作。比如，老板在员工面前会使用这一动作，但下级通常不敢在老板面前摆出这样的姿势。

男人们更经常使用这个动作是因为他们很早就着裤装，而女性则基本是以无袋的裙装为主，直到后来女性们开始着裤装，并且在社会中获得越来越多的权利，这些动作才开始在女性中流行起来。但也只有有女权主义倾向的女性最常使用这个动作，她们的意思是要表明男女的平等。

第九章

最诚实的部位往往被忽视
——解密下肢微反应

最诚实的双腿

从数百万年前到现在，人类的双腿主要有两大作用，其一是帮助身体前行，进而获得食物；其二是帮助我们在遇到危险时，可以迅速跑开。人的腿之所以有如此两大主要功能，归根到底，还是与人类的大脑有关。行为学家通过研究发现，人类大脑天生就有两种功能，即指挥身体获取可以维持生命的物品和命令身体迅速离开它不想要的东西，而能帮助大脑实现这两大功能的就是人类的腿（这当然包括脚）。

正是因为如此，很多时候我们通过观察一个人使用腿的方式，就能知晓他此刻的心理活动状况，即他是想要离开，还是想留下来继续交谈，抑或是有其他想法。把腿张开就暗示此人在心理上自认有优越感或是胸怀坦荡；而双腿交叉则表明此人具有较强的排外心理或者较强的戒备心理。

一个人腿的习惯性姿势除了可以反映他的心理情绪以外，还可以反映他对别人的态度。比如，当某个人犯了错误以后，其朋友、亲人或是长辈就会劝其尽快改正自己的错误。在劝说的过程中，如果犯错误的人坐在椅子上双腿交叉，两只手紧紧扳起其中的一条腿，极有可能其朋友、亲人或是长辈的苦口婆心是瞎子点灯——白费油，为什么这样说呢？因为被劝者坐在椅子上用腿摆放出来的是一种典型的拒绝劝说姿势，其意思就是“你们尽管说吧，我的态度与我的身体一样，固定在这儿，不会改变一丝一毫”。再如，宴会上某位女士与某位男士交谈一会儿后，发现和对方并没有什么共同语言，于是打算结束和此人的谈话。想想她会怎样做呢？一般来说，她首先会把双手交叉抱于胸前，再把双腿交叉在一起，同时把脚尖指向对方身体的左侧或右侧，然后似笑非笑地看着对方。此种情况下，那位男士多半会识趣地主动结束谈话。如果对方没有察觉到，这位女士就会马上采取进一步的行动，把一条腿架在另一条腿上，身体侧向一方，以此向对方表明"你想说就尽管说吧，我可不想听"。看见如此明显的体语，那位滔滔不绝的男士肯定会快速地离开的。

叉开的双腿与交叉的双腿

　　双腿叉开是一种展示权威和力量的典型动作。人类在面临威胁时，大脑边缘系统会发出"冻结—逃跑—反抗"的指令，全身的血液会迅速集中到脚部，随时准备逃跑，而当人类处于完全的优势地位时，则不会产生这一反应，双腿呈人字形站在地上，仿佛在说"来吧，我不怕你"。叉开的双腿是高度自信的表现，并且带有示威的含义，警察和保安常常摆出双腿叉开、双手交叉抱于胸前的姿势，给人一种不可侵犯的威严感，人们只会在弱小者的面前做出这一姿势，如果你在上司面前这样站着，恐怕就是挑衅的意味了。

　　当人们处于对峙状态时，就容易做出叉开双腿的姿势，而且双腿叉开的幅度会随着矛盾的激化而变大，如果想要尽快稳住局势，就要控制自己的双腿，尽量将两腿收拢，否则对方可能被我们叉开的双腿激怒。

　　双腿叉开的姿势也展现出开放或者支配的态度，而双腿交叉则显示了保守、顺从或是戒备的态度，因为这种姿势象征着拒绝任何人接近自己的生殖器。叉开的双腿是为了凸显男人的雄性气概，而交叉的双腿则是企图保护男人的雄性资本。如果一个男人在和另一个男人会面时，觉得对方不如自己强悍，那么展示胯部的站姿就显得非常合适；可如果他是和一个比自己强悍的男人打交道，这样的站姿就会让他显得争强好斗，而且他自己也会感觉容易受到对方的攻击。研究显示，缺乏自信的人经常会使用双腿交叉的姿势。

许多动物都用叉开双腿的方式来标示地盘所有权。例如，猩猩们会把双腿大大地分开，而谁占据的面积最大，谁就被视为最有支配权的首领，这样的较量方式可以让猩猩免受肉搏的伤痛。

同样，男人们在做这个姿势时也是为了争取地位。尽管大部分男人都没有意识到这一点，但是双腿分开的姿势的确传达出了权力与地位的信息。通常情况下，这样的姿势在同性之间也会引起不安，如果一个男人分开自己的双腿，那么其他男人为了维持自己的原有地位，也会纷纷效仿这一姿势。

双腿分开的姿势一般来说是一个男性专用的姿势，女性大都不会模仿。但男性如果在女人面前做出这个动作，将会产生非常不好的影响。当男人做出双腿分开的动作时，很多女人随即做出紧拢双腿的动作，或者双腿交叉，也就是说她们产生了防御心理。所以，在工作和一般的交往中，男性最好不要在女性面前做出这个姿势。

双腿叉开是自信的表现，双腿交叉则是沉默寡言的表现。双腿交叉的姿势不仅会传达出消极和戒备的情绪，还会让一个人显得缺乏安全感，并且引发身边的其他人也相应地做出双腿交叉的姿势。

很多人也许会说，他们交叉双臂或者双腿并不是出于戒备心理或缺乏安全感，他们这么做仅仅是因为身体感觉到寒冷。但如果一个人想要抵御寒意，他会把手塞到腋窝底下，而不是交叠在手肘的后方，而后者正是带有戒备意味的双臂交叉姿势；而一个人真的觉得寒冷，他或许是会两腿交叉。实际上通常在寒冷的情况下，交叉的两腿会保持僵直的姿势，并且紧紧地贴在一起，而不是出于戒备心理的两腿交叉。

习惯于将双臂和两腿交叉的人，总是将这个动作归因于寒冷，而不愿意承认自己在动作背后隐藏的紧张、焦虑或是戒备心理。也有很多人说，这么做只是因为感觉舒服。这种说法或许是真实的，当一个人缺乏安全感、产生戒备的心理时，交叉的双臂和双腿确实会让他感觉舒服，因为这样的动作吻合了他的情绪。

脚踝相扣——恐惧害怕

正如前面所说的，交叉双腿是一个人表示对对方持有否定或防御的态度。脚踝相扣这一姿势也是这样。不同于交叉双臂或双腿动作的同一性和单一性，由于性别的不同，男性和女性在做这一姿势时，存在一定的差异性。男性在锁定脚踝时，通常还会双手握拳，放在膝盖上，或者用双手紧紧抓住椅子或沙发两边的扶手。女性的这个姿势则有些不同，她们会将两膝紧紧靠在一起，两脚分别在左右两边，两手并排摆放在大腿上，要么就是一只手放在大腿上，然后再把另一只手叠放在这只手上。

大量的研究证实，这是一种努力控制和压抑消极、否定、紧张、恐惧或是不安情绪的人体姿势。如果一个人做出此种姿势，则表明他在心里极力克制、压抑着自己的某种情绪。比如，在法庭开庭之前，几乎所有的涉案人员就座在各自位置上，他们通常会双腿交叉，双脚相扣。而在审判的过程中，被审人员为了减轻心中的压力和消除自己心头的恐惧、恐慌情绪，更会将脚踝紧紧地靠在一起。这就无疑显示了他们紧张、恐慌的心理。再如，面试时，如果你留心一下参加面试人员的脚部情况，就会发现很多人都会做同样的姿势——把踝骨紧紧锁在一起。这个姿势就泄露了面试者心理情绪状态，即他们在努力克制自己心头的紧张、压抑、恐慌等情绪。此种情况下，为了帮助面试者控制好情绪，面试官就会暂时岔开主要话题，或者直接走到面试者旁边坐下，以拉近彼此间的距离，从而让其消除心头的压抑和紧张。如此一来,双方就能在一个相对轻松、友好的氛围中进行交流了。

脚踝相扣除了表示一个人进行自我克制以外,它有时也是踌躇不决的信号。比如,在谈判的过程中,经验丰富的谈判专家在看见对方做出踝部交叉的姿势后,其心里往往会窃喜,为什么会这样呢?因为这个姿势表明对方可能存在让步的心理,只是他现在犹豫,究竟要做多大的让步才合适。此种情况下,那些经验丰富的谈判专家会立即向对方提出一系列试探性问题,并采取一切可能的措施,让对方尽快改变这种犹豫不决的体式,以便促使对方最终做出较大的让步。

女性在公共场合常常夹紧双腿、脚踝相扣,尤其是身着短裙的女性。虽然我们可以从避免走光的角度出发去推测女性紧夹双腿姿势的含义,但实际上,短裙并不是关键的原因。从一些并没有穿短裙的女性身上,你还是可以看见这些动作。比如,她们会把脚踝扣在一起,双膝并拢,双脚倒向身体一侧双手并排或交叠着轻轻放在位于上方的那条腿上。男性也有脚踝相扣的姿势,但此时他们更习惯让双膝敞开;而女性则尽量并拢双膝,减少两腿之间的缝隙。

紧夹双腿,脚踝相扣,以及之前提到过的交叉双臂等姿势都是封闭性的,这样的姿势只会让你和他人之间形成对立局势。因此,多多练习、使用积极、开放的姿势,可以增进自信心,并且协调好和别人的关系。

"4" 字腿——自信而放松

与叉开双腿站立相类似,男人在坐着时也会下意识地分开双腿,"4"字腿坐姿则是在分开双腿的基础上,将一只脚的脚踝放置在另一条腿的膝盖上,两条腿形成"4"字的形状,正如叉开的双腿一样,这种姿势也在无意识地展示胯部。

一般来说，此种姿势表现了想要进行争辩或是竞争的态度。在动物界的灵长类动物中，如黑猩猩和猴子在试图攻击对方时，为了避免自己遭受伤害，往往就会采用此种姿势。那些采取此种姿势坐下的男性，从表面上看去，他们就更具一种控制力和霸气，因而，有时他们又显得有点桀骜不驯。这也是很多美国人会给人留下骄傲自大的原因之一。

当然，此种姿势并不是美国男性特有的，有些时候，很多穿牛仔裤的美国女性在就座时也采取"4"字腿的坐姿。不过，她们采取此种坐姿往往是在和同性在一起的时候，因为她们不想让自己在男性眼中过于男性化，或者看上去很轻浮。

这种姿势最初应该起源于美国，而在美国文化泛滥的今天，全球不同的国家你都可见到这种坐姿。不过，在亚洲的某些地区，"4"字腿的坐姿却被视为对他人的一种侮辱，因为这种姿势会将鞋底展示在众人眼前，而人们在行走的时候难免会让鞋底沾上污垢。

男人在摆出这种坐姿时，不仅能体现自己的自信和支配地位，同时也显得放松和年轻。如果一个人在做出"4"字腿坐姿的同时，还用一只手甚至双手抓住处于上方的那条腿，那就表示他不只是怀有争胜的态度。用手固定住"4"字腿的姿势，表明这个人是一个特别有主见而且相当顽固的人，他不会认同任何人的观点，只会相信自己。当你的谈话对象有这样的姿势时，如果你不改变谈话策略，你的观点就很难被对方所接受。

另外，大家需要知道这种姿势一般不会出现在人们要做出重大决定的时候。因为重大的决定需要万分谨慎，大部分人此时会保持双脚踩在地面的姿势。

浅坐椅子的人小心谨慎

坐在椅子上的行为，也因人的不同而产生了各式各样的坐法。有的人是全身猛地坐下，有的人则慢慢坐下，也有些人小心翼翼地坐在椅子前部，还有些人将身体深深沉下似的坐着，这些坐法无不坦白地说出了各人的心理状态。那么，在身体言语术上，对以上行为作何解释呢？

当大家看见某人猛然坐下的行为时，一定认为对方不拘小节，其实，答案会令人大感意外。在其似乎极端随意的态度里，其实是在隐藏内心极大的不安。这是由于人具有不愿被对方识破自己真正心情的抑制心理，尤其在与他人初次会面时，这一心理更加强烈。这类看似不拘小节的人坐下后，往往便表现出有些心不在焉的态度，因此更可立即看出其心情。当然，知心朋友之间，这就是与其态度一致的心理表现。

那么，坐下之后怎么样呢？舒适而深深地坐入椅内的人，可以视为在向对方表现心理优势。因为所谓坐的姿势，是人类活动上的不自然状态，坐着的人必然在潜意识中想着立即可以站起来的姿势。心理学上，称它为"觉醒水准"的高度状态，随着紧张程度的解除，该"觉醒水准"也会因而降低。因此腰部是逐渐向后拉动，变成身体靠在椅背、两脚伸出的姿势，此并非发生何事立即可以起立的姿势，这是面对不必过分紧张之人才会采取的姿势。

与此相对的，始终浅坐在椅子上的人在无意识地表现着心理劣势，且欠缺精神上的安定感。因此，对于采取这种姿势而坐的客人，如果同他谈论要事，或托办什么事，还为时过早，因为他还没有定下心来。

脚尖的方向泄露真实兴趣

我们在阅读身体微反应时，很容易忽略脚尖的指向。似乎脚在地上的摆放位置只是一种天然的习惯，没有更多的深意，所以脚尖朝向也就不值得探讨。实际上，当我们的上身在自身潜意识的作用下发生偏移的时候，我们的下肢也跟随着移动，而脚尖也就朝向了我们最感兴趣的人和事物。

几个朋友一起结伴到餐馆吃饭，他们围坐在一张桌子旁边。从桌子上方看，他们互相之间都有着融洽和谐的关系。而从桌子下方，则有了不同的场景。另外的几个人的脚尖都朝向了其中的一个人，由此可看出，这个人才是这群人中间的主角。

对身体微反应的研究通常会重点关注上肢动作，例如，手势等，但下肢动作更能反映人的内心。因为在对方能注意到的地方，我们自己对自己的一举一动也会更加留意。这种关注就会让我们有时候刻意改变自己的身体微反应，避免自己的内心世界轻易被别人识破，所以就造成了上肢动作具有一定的"欺骗性"。

而大部分人在注意了自己的上肢动作后都很难顾及下肢的动作，于是内心最真实的想法就很容易通过下肢动作流露出来。比如，你的脚尖就会不由自主地朝向你关注的事物。

伸长的脚是脚尖朝向的强化动作，后者只是微微表露了心意，而伸长的脚则是向对方明确地示好。当我们与对方谈话时，无论是对谈话内容还是交谈对象感兴趣，我们都会把脚伸向对方，缩短和交谈对象之间的距离。反之，如果我们兴味索然，我们就会缩回自己的脚，尽量拉长与交谈对象的距离。如果我们是坐着谈话，这样的行为更加明显。如果我们不想发表谈话，也懒得附和对方的意见，就会把脚收回，甚至交扣着脚踝放到椅子下面，呈现出一副封闭性的姿势。

我们在行走时，脚尖的朝向会有所不同，也就是我们常说的"外八字"

和"内八字"之分，如果排除生理缺陷等原因，这些行走中的脚尖朝向也在一定程度上反映了我们的性格趋势。

如果一个人习惯用"外八字"的姿势走路，也就是脚尖往外偏的幅度很大，表明他会被一些无关紧要的小事所吸引。为了得到更多的信息，他甚至愿意绕道而行。

而"内八字"的姿势使得脚尖朝向里，有刹车的作用，有着这种走姿的人经常犹豫不决。如果他的上身姿势也经常是封闭性的，那么他内向、拘谨的性格特征就更加明显了。他们永远是副憨实厚道的样子，但这种人在厚道的外表下，并不显得沉静。他们平常留意生活中的细节，事事喜欢按部就班地进行，如果有突发事件发生就会阵脚大乱，而显得手足无措。

这种人的形象注定了他们不会创新，他们情愿跟着潮流走。当别人把一定的权力交给他们，而使其成为众人注目的焦点时，他们就会浑身不自在而烦躁不安。因为他们只想追求平淡的生活。

此外，脚尖的方向也可以显示出不耐烦的情绪。你是否曾经遇到十分健谈的人，他可以一个人滔滔不绝地描述最近一次出国的经历，而不管你是否有时间，不放你走。回想一下你当时的姿势，你是不是一只脚的脚尖踮起来，中心全部转移到脚掌上，仿佛正在起跑线上等待发令枪声的运动员，身体微反应学家把这个姿势称为起跑姿势，这是一种意图线索，表明心里正准备要离开。如果此时是坐着的姿势，手部也会有相应的配合动作，双手按住膝盖。下次如果你和别人交谈时发现对方摆出了这样的姿势，那就应该结束谈话了。

脚步幅度和频率

你的行走姿势也能泄露你的情绪和性格秘密，如果你不相信，不妨先看看这个例子。当我们在讨论问题或者思考问题时，很多人习惯在房间里走来走去。此时的行走并没有什么确定的目标，只是摆动着步子左右挪动，但很多人认为这样的姿势可以帮助他们思考。研究身体微反应的学者赛弥·莫尔肖认为，人要是随着心脏跳动的节奏来回走动，就能够在和谐的运动中获得新的启示，还可以同时对其进行处理。

所以，我们的行走姿势事实上和我们的思维存在着某种密切的联系，我们可以用行走促进思维，反过来我们的内心所想也会影响到我们的行走。

当我们内心恐惧时会说"我简直被吓得膝盖发软"。这是因为情感上的虚弱导致了肉体上的虚弱。而软弱、缺乏自信时，我们的大腿也会拒绝行走，这也就是为什么有些人遇到了挫折或者受到打击以后，会行走得十分缓慢。喜欢拖拉着脚走路的人，习惯为自己没有做某件事情寻找借口，无法调动足够的力量前行，得过且过。

我们的脚步幅度和频率还能传达出更多的内心秘密。步子很小的人，性格谨慎，他们仿佛在一步一步测量土地，注重细节。比起自信地迈大步的人，同一段路程他们可能花费更多的时间，但他们也会犯较少的错误。而步子很大的人则通常是喜欢冒险的人，认为把时间花费在细节上不值得。步子频率高的人行走速度快，他们不会给别人提供批评和评价的机会。

双腿泄露女孩的秘密

对每个爱美的女性来说，她们都十分在意自己的双腿，如是否太胖了，或是否太短了等。女性的双腿除了可以让她们显得更加妩媚、性感、漂亮以外，还会泄露她们的很多秘密。

行为学家通过研究发现，女性坐在椅子或沙发上时，她们常用的腿部姿势主要有3种，通过她们的这3种腿部姿势，我们就可以大致了解她们内心的一些秘密。

其一，将一条腿曲放在另一条腿上，其膝盖朝向的那个人，往往就是她仰慕或喜欢的对象。一般来说，女性腿部采用此种姿势，表示其内心非常平静、安详、愉快，愿意与坐在自己对面的人进行交谈。

其二，双腿微微张开或是一条腿放在另一条腿上，然后用脚去玩耍鞋子，有些时候还会把一只脚上的鞋子脱下来，然后再将脚伸进去穿上，并一连重复数次这样的动作。做出此种姿势的女性，其性格往往较为开朗、随和，与陌生人交谈从不拘束。虽然她们的这个动作看起来有点不雅，但实际上她们都是有较强自尊心的女性。

其三，将双腿搭起来，此种姿势多出现于女性和某位陌生人首次见面时。一般来说，女性做出此种姿势既是她在所爱慕男性面前内心忐忑不安的显示，也是无意识或有意识地试图引起对方注意自己的一种表现手段。

除了腿部的姿势会泄漏女性内心的秘密以外，其脚部的具体姿势同样也会泄漏她们内心的一些秘密。

如果一个女性将一只脚别在另一只脚的某个部位，这是一种防御性的姿势，以阻止别人，尤其是陌生人靠近自己。同时，此种姿势也表明这类女性性格较为内向、含蓄。在与人交往时，她们会显得较为拘泥、扭捏或胆怯。因而，如果你打算让她们主动去结识某人，其难度非常大。所以，要想和此类女性成为朋友，你就得采取积极主动的姿态，在与其交谈或相处的过程中，还应尽量消除其心头疑惑、紧张、不安的情绪。只有这样，她们才可能真正接纳你。

如果一个女性无论站立还是坐着的时候，都喜欢随意地将双脚交叉。一般来说，此种类型的女性性格较为开朗，待人处事都显得非常泼辣、豪放、果断。很多鸡毛蒜皮的事，她们常常不会放在心上。在与人交往时，合则来、不合则去，是她们一贯的交友原则，因而她们无论在同性中，还是在异性中，都非常受欢迎。如果要想和此种类型的女性成为朋友，切不可显得扭扭捏捏，不然，她们会认为你不够爽快。

　　如果一个女性在站立时双脚紧紧、整齐地并在一起，则说明她的内心较为紧张、拘泥，她试图想压抑自己内心的这种情绪，同时，她对站在或坐在自己对面的人还怀有一种戒备心理。在与人交往时，此种类型的女性往往显得较为矜持、拘谨，轻易不会和陌生人说话。如果要想和此种类型的女性成为朋友，你首先就得消除她心中的拘谨和戒备。为此，你可以先向她报以微笑，以缓和紧张、压抑的气氛，然后再找一个轻松、闲适的话题与之进行交谈，用你的幽默、风趣去感染她。

　　如果一个女性在站立或是采取坐姿时脚尖岔开，脚跟贴近，则说明她的性格较为活泼，非常热爱运动，精力充沛，做起事来总是显得风风火火。在与人交往时，她从来都是是非分明，光明磊落，绝对不会做那些指桑骂槐之事。因而要想和她成为朋友，第一印象非常重要，在她面前，你最好不要显得怯弱畏缩，或是拘谨不安，而应尽显男儿本色。

　　如果一个女性在站立或是采取坐姿时双脚交叉，但两只脚的鞋子仍旧靠在一起，则说明她现在仍处于梦想浪漫爱情的阶段。虽然她已成人，但是对父母仍有较强的依赖感，因而其性格较为脆弱，经历不起风吹雨打，很多时候，她一遇到困难就会知难而退。在与人交往时，她往往会显得较为娇气，受不得半点委屈，但其朋友还是不少。要想与此种类型的女性成为朋友，你必须随时注意自己的一言一行，一旦惹恼了她，她往往会让你"吃不了兜着走"。

　　如果一个女性在站立或是采取坐姿时喜欢双腿并拢，并摆出由左向右倾斜的姿势，则说明她很注意自己的一言一行，以便给人留下温柔贤淑、高雅、有教养的印象。一般来说，此种类型的女性其自尊心都较强，心底颇有几丝浪漫情怀。所以，如果你想和她成为朋友，最好别跟她说"某某商场的衣服开始清仓销售了""某家超市的菜很便宜"之类的话。

第十章

小习惯，大信息
——解密习惯动作

习惯动作能告诉我们什么

　　身体微反应学家告诉我们，通过观察一个人的习惯动作，可以推断出他大概的性格特征或情绪特征。事实也的确如此。有人可能会问，为什么通过观察一个人的习惯动作，就能推断出一个人大概的性格特征或情绪特征呢？因为在日常生活中，一个人的很多习惯动作是在自然而然当中不自觉形成的。而一旦形成，它们就具有较强的稳定性，很难轻易将它们改正过来，而改正不过来，你就不得不将它们随身"携带"了。具体有哪些习惯动作是最为常见的，它们蕴含的意义又是什么呢？下面就来较为详细地谈一谈。

　　如果一个人习惯于以手在桌上叩出单调的节奏，或者用笔敲打桌面，同时还伴有用脚跟在地板上打拍子，或是用脚尖点地，抑或是不停地抖动双脚的话，这类人一般性格较为急躁，做事容易冲动，很少会考虑后果。如果他们在听人演讲或是集会时，做出此种习惯动作，则表明他们对发言者的话已经感到非常不耐烦了。

　　如果一个人在站立时，习惯于将双手放进口袋之中，有时又会不停地抽出手来再插进去，那么这类人的性格较为谨慎，做事时常常会"三思而后行"。"小心驶得万年船"，往往是这类人的座右铭。也正因为如此，有些时候他们做事时显得畏首畏尾，缺少魄力。

　　如果一个人在吸烟时，经常忽然将烟灭掉，或者是把它搁在烟缸上，或者不注意放到了烟缸外，这说明此人的情绪状态十分紧张，这个时候你最好不要去打扰他或是烦他，如果那样的话，他多半会雷霆大怒。此外，如果你看见一个人在一旁大口吸烟，则说明其肯定正处于一种愤怒的情绪状态之中。遇见这样的情况，你最明智的做法是退避三舍或绕道而行。

如果一个人经常做出耸肩的动作，则说明其内心处于一种紧张、不安或是恐惧的情绪状态之中。如果他在做出耸肩动作的同时还伴有摇头的动作，则表示自己不知道、不理解或无可奈何的情绪。

如果一个人坐着的时候，习惯于将自己的上身向后或左右微斜，则表示其此刻的情绪状态较为放松。反之，当一个人坐着的时候，习惯于将身体伸得笔直，面部肌肉僵硬，或者上身仅靠椅背而坐，表示此人正处于紧张的情绪状态之中。

如果一个人习惯于摆弄自己的头发，则说明他可能有点神经质，凡是涉及有关自己的事情时，他们往往会变得非常敏感。而那些喜欢经常拉头发的女性，大体上都比较任性，即使成人也如此。

如果一个人在与人交谈时，总是习惯于解开外衣的纽扣，或者干脆脱掉自己的外套，那么这类人性格非常开朗、豪爽，喜欢直来直去。在与人交往时，他常常不会拘泥于那些繁文缛节。有些时候，他的这种豪爽可能会被人误认为是不尊重对方，但实际上恰恰相反。他对待朋友非常真诚、热情，对于朋友的缺点和不足，常常直言不讳。

下意识的动作和真实想法

很多时候，人们的一些下意识动作，往往透露了其内心的真实想法，因为人虽然是理性动物，但是不能完全控制自己的下意识动作。当我们感到兴奋、激动、高兴时，除了面带笑容、眉毛舒展之外，往往还会振臂欢呼，击掌庆贺，借着全身的动作将欢乐表现出来。当我们感到紧张、恐慌时，往往就会情不自禁地握紧拳头，全身也变得较为僵硬。

人们常常通过手足活动来表露感情。有时，人们想隐藏面部表情，但很容易引起指尖和脚的活动，将体态活动变为频繁的局部活动，即把感情表露出的张力转换成了活动量。而所有这些活动都是在无意识的状态中进行的。一般来说，一个人有意识的动作，多出自表演、炫耀的目的，而无意识的动作却是发自内心的真实所想。正因为如此，通过一个人的一些无意识动作，可以知晓他内心很多真实的想法或情绪状态。

人的无意识动作与神经的类型有关。我们在观察这种类型的人时，与其看他们的体格，倒不如以他们强烈的感受性来分析他们的性格来得妥当。由于他们强烈的感受性，对于自己身边的事情，都有非常敏感的反应，因此常有留意周围人动静的习惯。

我们在打电话的时候，有时会玩弄电话线，此种动作也是潜意识中无法以语言充分表达思想所采取的手的辅助性作用，如果我们在众人面前演讲时，情绪一紧张，也就会自然而然地比手画脚，或者开始扭动麦克风线。我们面对外国人时，假使不能以语言充分表达思想，通常也会借助肢体动作来表情达意。

当你去朋友家做客时，虽然主人依旧和你像往常那样天南地北地神侃，但是你如果发现他不停地弹烟灰或者用手指像弹钢琴般地轻敲椅子扶手，或者不时移动一下桌子上的东西，那么，此时你最好站起来告辞。别看他的表情是那么热忱，他手部发出的那些无意识动作已经在无意中告诉你，他开始感到心烦意乱，提醒你该走了。

在彼此信息交流最旺盛的时候，频频出现弹指、搔鼻、拭脸等与交谈内容无关的动作时，表示做出该动作的人并没有认真倾听对方说话，其心理上已经出现了障碍。很多时候，这种下意识的动作，是厌恶对方的一种信号。

无意识的动作，有时候也可以制造一种企求别人的信号。比如，我们可以看到，一些子女在外工作的独居老人经常不由自主地玩弄一些小东西，这是他们在向外界传达："我们很寂寞，多希望有人来陪陪我们啊！"如果一个人不了解独居老人们这个无意识动作的含义，常常会对他们的这些小动作感到困惑不解。

桌面整齐度就是"心灵的整洁度"

对于常常在桌上学习或办公的人来说，桌面所呈现出来的种种表象，可以反映主人的情绪状态和个性特点。

不管是桌面上还是抽屉里，各种物品都整齐地放在该放的位置上，让人看起来有一种相当舒服的感觉，这表明桌子的主人办事是极有效率的，他们的生活也会很有规律，办起事来则井井有条。他们很懂得珍惜时间，能够精打细算地用空闲的时间来做更有意义的事情。他们多有一些很高的理想和追求，并且坚持不懈。但是他们习惯了依照计划做事，所以，对于一些意料之外的事情，常常会感到不知所措。在这一方面，他们的应变能力显得稍微差一些。这样的人虽然可以把分内的工作做得很好，但墨守成规，缺乏冒险精神，所以不会有什么开拓和创新。

在抽屉里放一些具有纪念意义物品的人，多是比较内向的。他们不太善于交际，所以朋友不多，但仅有的几个是终生不渝的，他们很看重和这些人的感情，所以会分外珍惜。他们有一些怀旧情结，总是希望留下美好的回忆，但他们比较脆弱，容易受到伤害，而且做事也缺少足够的恒心和毅力，常常不敢面对困难和挫折。

抽屉和桌面都乱七八糟的人，他们待人多相当热情，性格也很随和，但做事多凭一时的喜好和冲动，属于"三分钟热度"的人。他们缺少深谋远虑的智慧，不会把事情考虑得太周密，也没有什么长远的计划。生活态度虽积极乐观，但太过于随便，不拘小节，经常是马马虎虎，得过且过。然而，他们的适应能力比一般人要强。桌子和抽屉都像是垃圾堆，找一样东西，往往要把抽屉翻个遍，到最后可能还是找不到，这样的人逻辑思辨能力很差，缺乏足够的责任心，工作能力差，效率也极低。

桌面上收拾得很干净、整洁，但抽屉里乱七八糟，这样的人虽然有足够的智慧，但往往不能脚踏实地地做事，喜欢耍一些小聪明，做表面文章。他们大多比较散漫、懒惰，为人处世并不十分可靠。从表面上看，他们有不错的人际关系，但实际上内心很孤独。

各种文件资料总是这里放一些，那里也放一些，没有一点规律，而且轻重缓急不分，这样的人大多做起事来虎头蛇尾，没有头绪。他们的注意力常被一些其他的事情分散，从而无法集中在工作上，自然也很难有优异的成绩。他们也想改变自己目前的状况，但自我约束能力很差，总是自我妥协，过后又不断自责，可是紧接着又会找各种理由来安慰自己。

端杯喝酒有讲究

心理学家通过研究发现，通过观察一个人握酒杯的姿势，往往能知晓他大概的性格和心理特征。

一般来说，如果一个男性喜欢紧紧握住酒杯，同时用拇指紧按着杯口，这样的男性性格外向、豪爽，讨厌那种婆婆妈妈、斤斤计较的人。在与人相处时，他们非常热情、友好、直率，因此深得朋友的喜爱。做事时，他们很有魄力，常常是敢说敢做，正因为如此，他们有时显得有点莽撞。

如果一个男性喜欢用双手抓住酒杯，则说明其性格较为内向，逻辑思维严密，喜欢思考问题，冷静是他最大的特点。在与人相处时，他不会与朋友走得太近，但也不会离朋友太远，可能他的朋友不是很多，但与其交往的往往是挚友，很少有酒肉朋友。做事时，他喜欢三思而后行，凡事都要做好相关计划，然后才开始行动。

如果一个男性喜欢把杯子紧握在掌中，同时用拇指扣住杯子的边缘，则表明其性格较为柔顺，为人忠厚，具有较为开阔的胸襟。在与人相处时，外表看来他可能难以接近，但走进他的内心世界后，你会发现他其实是一个非常有趣的人。做事时，他非常有主见，往往有自己的独到看法和做事方式。想要改变他的做事方式往往是非常困难的，除非你有充足的理由。

如果一个男性喜欢用双手捂住杯子，则说明其城府很深，十分善于伪装自己。这类人在和他人打交道时，往往笑容满面，实际上一点人情味也没有。他们从不在别人面前暴露自己，也从不喜欢将自己的事告诉朋友，所以他们的朋友尤其是知心朋友，往往寥寥可数。

同样，观察一个女性端酒杯的姿势，也可以知晓她大概的性格和心理特征。

如果一位女性喜欢玩弄自己的酒杯，则说明其性格较为活泼、直率、爽朗，具有较强的自信心，是非观念也非常明确。与人交往时，不会斤斤计较，也不会睚眦必报，只要不是原则性的问题，即使别人不小心冒犯了她，她也会一笑而过。做事时，她不会犹豫不决，或者是拖拖拉拉，而是非常利落和干脆。

如果一个女性总喜欢把手中的空酒杯翻来覆去地玩耍，则说明其有较强的虚荣心，喜欢表现和炫耀自己。有些时候，她还有点任性，甚至有点飞扬跋扈。在参加一些宴会或聚会时，她极有可能会大胆地向自己心仪的男子发出邀请，以吸引对方注意。与人交往时，她往往具有较强的针对性，喜欢去结交那些较有权势的人，不过往往事与愿违，因为那些有权有势的人，恰恰又瞧不上她这样的人，所以她很多时候形单影孤。

如果一个女性喜欢把杯子放在手掌上，一边喝酒，一边滔滔不绝地跟对方说话，则说明其性格外向，非常活泼、开朗，善于交际，对生活的态度也非常乐观、积极和向上。她也较为聪慧和机敏，并具有一定的幽默感，有时她也有较强的表现欲望，常常会故意制造一些意外，给人带来耳目一新的感觉，以吸引他人注意。在与人交往时，无论走到哪儿，她总能将自己很快融入集体之中，所以人际关系较好，朋友也较多。做事时，她信奉"言必行，行必果"，所以很容易取得成功。

如果一个女性习惯于一只手紧握酒杯，另一只手则无目的地摩挲着杯沿，则说明其性格较为稳重，喜欢沉思，有比较独立的个性，不会轻易地向世俗潮流低头，具有一定的叛逆性，但表现方式不是特别恰当和明显。她也较为喜欢结交朋友，对人也比较真诚、热情，所以其人缘还颇为不错。做事时，她不喜欢张扬，更不喜欢出什么风头，仅会默默无闻地做好自己该做的事。

如果一个女性喜欢握住高酒杯的脚，同时食指前伸，则说明在她的性格中，自负的成分占了很多，常常不把别人放在眼里。同时，她也较为世故，只对有钱、有势、有地位的人感兴趣，而对那些"寒士"或是比自己差的人，她往往嗤之以鼻，这就使得她的人际关系较为糟糕。做事时，较为缺乏责任心，所以容易出现虎头蛇尾的状况。在遇到失败、挫折的时候，她会知难而退。但她在做各种准备工作时往往较为细致。

需要注意的是，以上结论仅是一个总体上的、大概的结论，而不是一个全面、准确的结论，具体到每个特殊的个体，可能会存在一定的差异。

酒后吐的都是"真言"吗?

喝过多的酒并不是件好事，过量饮酒，体内的酒精会使人亢奋，对人的大脑神经产生影响，从而使人做出与平时不一样的举动。

"酒后吐真言"是一句俗语，而许多人的真实经历也为这句话提供了切实的证据。毋庸置疑，酒精具有麻痹大脑的作用，所以当某人喝醉后，意识会失去控制，因而对一些事情也就不会在意，这就是发生酒后胡言乱语情况的原因。而如果继续豪饮，达到烂醉如泥的程度，意识的发挥会受到阻碍，无法感觉外界事物的刺激，大脑进入深度睡眠状态，这时，无意识开始启动，曾经埋藏于内心最深处的影像或者语言就会不由自主地表达出来，但是醉酒者是不知道的，因为他已失去了主动的意识。那么能否通过一个人酒后的言语来判断这个人的品性如何呢？

以酒浇愁，因为醉酒后的胡言乱语、意识模糊是最好的发泄方式，但醉酒后是否口吐真言也是因人而异的。

有的人酒后可能什么都不说，埋头就睡，这种人有正义感，原则性较强，虽然有时会比较传统、保守，但对认定的事情，会全力以赴。

有的人酒后喋喋不休，说的都是不着边际的话，这种人看似对什么事情都不在意，但其实是个心中自有真情在的人，却苦于无人了解，会有些许失落和无奈。

有的人酒后可能会触景生情，大哭一场，这种人有丰富的感情，热情奔放，以自我为中心，对一件事物常常不能专注太久。

有的人酒后会想起许多事情，但无处发泄，而引吭高歌，这种人性格温和，别人不能轻易打开他的心门，只有通过深入了解才能使他吐露心声，这种人虽然内心深处会有疯狂的想法，却会拼命克制自己的感情。

喝醉酒打电话是一种"非意识的行为"，因为他们已经不具备人与人交往应有的意识。例如，深夜一两点时，毫不顾虑别人的休息时间打电话给别人，而对方听到的只是音乐声或醉汉喊叫着："我现在正在喝酒，你给我马上过来，我会一直等到你来陪我为止。"

当你接到这种电话时，即使置之不理将之挂断，对方也还是会再打来，并且说一些"你真是太不够意思了，对朋友一点都不关心"等令人讨厌的话，如果再加上电话中夹杂着吵闹、酒醉的杂乱声，更会让人心情不爽。

仔细分析这些人的举动，就知道在喝醉酒时打电话的人，往往是孤独而需要他人关怀的。我们常常会在夜晚的街道上，看到一些醉汉漫无目的地晃荡，有时也会看到他们无缘无故地骚扰行人。他们的这些行为，无非是想诉说自己的孤独而已。

从拿烟的姿态透视性格

一些人吸烟时慌慌张张，一些人吸烟则波澜不惊，还有一些人吸烟时姿态优雅，吸烟的姿势因人而异，由此我们可以从中窥见那些吸烟者的"烟品"和性格。

1. 喜欢将香烟叼在嘴角，烟头微微向上的人

这类人通常对某项工作很有经验，他们十分自信，无论前面有多少阻碍，都认为自己能够跨越，愿意向困难挑战，未来发展一片光明，极有可能成为新领导。采取这种姿势的人，在富有个性化的工作上，能充分表现自己的实力。可是，他们喜欢以自我为中心，容易忽略和得罪别人，所以在人际关系上不那么和谐，他们多数比较清高，喜欢独来独往和自由自在。

2. 夹烟时喜欢将小指扬起的人

这类人通常有些神经质，拘泥于小节且比较敏感，对人善恶分明。他们可能对周围的人会略为吝啬，这类人由于对自身要求高，因此缺乏自信。在他们的心中有些欲望无法得到满足，因此自我表现欲望强烈，而且不太善于控制自己的情绪，有动辄勃然大怒或容易焦躁不安的一面。

3. 喜欢将手夹在离烟头位置更近的人

这类人敏感细腻，注意细节，非常介意别人的看法和评价，因而会显得有点内向。但与小指伸向外侧的吸烟者相比，他们更善于控制自己的情绪。

如果自己不开心时，他们不会立刻表现在脸上和动作上，遇事能比较沉得住气，属于小心翼翼、对细微小事顾虑周全的谨慎派。他们会压抑自己的感情，充分思考后再采取行动。

4. 喜欢将手夹在离烟嘴位置近的人

这类人大多自我意识较强，喜欢引人注目，我行我素。他们通常是活泼大方、不拘小节的乐天派。他们坦率直爽，行动迅速而敏捷。他们讨厌受到周围人的束缚，会明确地表示自己的喜、怒、哀、乐。他们热爱社交，又喜欢照顾人，因此在聚会上很受欢迎。

5. 习惯将手夹在烟中间位置的人

这类人适应能力颇佳，属于安全型人物，待人和善。他们大多不太会拒绝别人的请求，有时心里虽不乐意，但不会表现出来。他们对人、对事都相当小心，不管做什么事情都小心翼翼，不太提自己的意见，常会在别人行动后，经过确认后才开始行动，也属于谨慎派。他们也很在乎别人对自己行动的看法，很在意周遭人的视线。因此，他们不会随意将自己的欲望和欲求表现于外。

6. 抽烟时手掌向外的人

这类人性格非常外向，颇有点"人来疯"的特征。有些时候，他们可能会感到一些迷茫和不安，需要一个人领导着逐渐找回已经或是正在丧失的自我。他们跟谁都谈得来，十分喜欢与各式各样的人来往，如果让他们独处一段时间，他们通常会受不了。他们往往追求丰富多彩的生活，而讨厌一成不变的东西。

7. 经常用指尖夹烟的人

这类人性格较为温和、亲切，攻击欲望不是很强烈。他们对自己的信心不是很足，很多时候总喜欢用悲观的态度去看待一些事情，这往往使他们活得很累。他们的心地较为善良，做事总会为别人留下余地，自然也不太喜欢冒险，一般不会去做风险性较高的事情。他们的生活态度较为严谨，做任何一件事情都会认真地对待，并且喜欢追求高效率、高质量。

8. 抽烟时喜欢有一些身体轻轻摇晃、抖腿等下意识动作的人

一面抽着烟，一面喜欢有一些下意识动作，总是不安静，喜欢动个不停的女性，一般爱好广泛，属于只要我喜欢就好，不注重外观的类型。她们通常不太在意他人的看法，想怎样就怎样，但她们做事积极，待人热情。不过她们中很多人见异思迁，不喜欢也不习惯单调、乏味的生活。

吃饭的方式透露真性情

吃饭是我们生活中不可缺少的一项重要内容，因此人们就会在不经意间养成一定的饮食习惯，而这些习惯又可以体现出一个人的性格。

1. 喜欢站着吃饭的人

这种人并不是特别讲究吃，他们会尽力讲求方便、简单，只要能填饱肚子就可以。他们在生活中，并没有太大的理想和追求，很容易满足。他们的性格很温和，懂得关心别人，为人也很慷慨、大方。

2. 边做边吃的人

这类人生活节奏快，因为有许多事情要做，他们表现得也比较繁忙。但他们并不以此作为自己的烦恼，甚至还觉得很高兴。

3. 边看书边吃饭的人

这类人吃饭只是为了满足身体的需要，如果不吃饭也可以活着，他们极有可能会放弃这件既耽误时间又浪费精力的事情。这类人野心勃勃，并且也有具体的计划可以使自己的梦想变成现实。他们拥有积极向上的乐观精神，会把想法付诸行动。

4. 边走边吃东西的人

边走边吃东西的人，虽然给人的感觉是来也匆匆，去也匆匆，像是时间紧迫的样子，但实际不一定如此，紧张的生活状态很有可能是由于他们缺少组织性和纪律性造成的。这样的人大多比较容易冲动，经常会意气用事，最终使事情发展到不可收拾的地步。

5. 喜欢一边看电视一边吃饭的人

喜欢一边看电视一边吃饭的人，多是比较孤独的，电视或许是他们消除内心孤独的最好方式之一。

6. 吃饭速度比较快的人

吃饭速度比较快的人，做任何事情都重视效率，而且也追求速度，他们总是希望在最短的时间内将事情做完、做好。

7. 吃饭喜欢细嚼慢咽的人

吃饭喜欢细嚼慢咽的人，与吃饭速度快的人恰恰相反，他们属于那种慢性子的人，凡事都能以缓慢而又悠闲的方式完成，这从一个侧面也说明他们是懂得享受的人。

8. 喜欢在餐厅里吃饭的人

喜欢在餐厅里吃饭的人，多是比较懒惰而又喜欢享受的。他们不善于照顾自己，但希望别人能够体谅他们，然后关心和照顾他们。他们不太愿意轻易付出，往往会在别人付出以后自己才行动。

9. 吃饭定时定量的人

这类人生活十分有规律，而这些规律如果没有特别意外的事情发生，是不会轻易改变的。但这并不意味着他们为人处世呆板迟钝，相反，他们可能很灵活，只是无论在什么时候，都保持一定的原则性。

阅读方式透露一个人的性格

不同的人会有不同的阅读习惯。买回一本书或是一份报纸，有的人会迫不及待地马上就读，但也有人可能会把它先放在一边，等闲暇时再安安静静地去享受，这其中的差别就是由不同人的不同性格所导致的。所以通过阅读的状态和习惯也可以对一个人进行了解。

拿到一本书或一份报纸后，不论时间、地点和场合，总是迫不及待地想看看其中到底讲了什么内容，即使是手头上正做着别的事情，也会暂时先放一放。这种人多是外向型的，他们做事总是雷厉风行，虽然干劲十足，但缺乏稳重和沉着。他们的性格比较开朗和大方，真诚而又豪爽，生活态度也很积极乐观，有充沛的精力和极大的热情，是不甘于寂寞的好动分子。他们虽然头脑很灵活，具有一定的随机应变能力，但并不善于掩饰自己，常常喜怒形于色，别人往往会看个一清二楚。他们的适应能力和交际能力并不差，所以在社会上还算吃得开。他们的思想比较超前，对于新鲜事物的接收能力也很强，常常会有一些大胆的设想，但缺点是太爱出风头，有时还有些刚愎自用。

拿到一本书或一份报纸后，先将它们放在一边，尽快把自己手头上的工作做好，然后在没有任何打扰的情况下，再将之拿出来静静地、仔细认真地阅读，看到比较好的内容，说不定还会剪下来贴到剪报上去。这一类型的人大多属于内向型的，他们沉默少语，也不善于交际，所以人际关系并不是很好。但他们很有自己的思想和主见，常常一鸣惊人。他们很注重现实，不会有一些不切合实际的想法和做法，自我约束能力比较强，个性独立，办事认真，只要去做，就会力争把事情做好。他们对周围的人，一般不是很热情，他们不希望从别人那里得到什么，他们很懂得自得其乐。

拿到一本书或一份报纸以后，只是先大概地浏览一下，然后就放在一边不看了，因为他们很难静下心来一一仔细地阅读。这样的人性格大多外向，生活态度是乐观而又积极的，但有一些随便。他们具有一定的幽默感，善于交际，兴趣广泛，耐不住寂寞，他们希望生活中永远都有许多人和欢声笑语。他们具有一定的组织能力，但自我约束力差，做事经常马马虎虎，得过且过，且时常招惹一些是非。

拿到书或报纸时，放在一旁不看，只等到自己无事可做，或者心情烦闷的时候才把它们拿出来，全当是一种解闷的消遣，这一类型的人大多孤独寂寞，而且有一些多愁善感。他们为人处世缺乏坚决果断的魄力和勇气，不善于交际，常常孤芳自赏、自命清高。他们大多有很丰富的想象力，但又有些不切实际。他们善于体贴别人，具有一定的同情心，思想比较单纯，为人憨厚，一般不愿意伤害别人。

字如其人——笔迹可以透露什么

笔迹作为人们传达思想感情，进行思维沟通的一种手段和方式，也是人体信息的一种载体，是大脑中潜意识的自然流露。不同心境写出的字，笔迹也不一致。但在长时期内，字体的主要特征，如运笔方式、习惯动作、字体开合等是不变的。只是近期的字更能反映出最近的思想、感情、情绪变化、心理特点等。

笔迹分析的方法很多，由笔迹观察人的内心世界，可以从笔压、字体大小、字形这3方面来研究分析这个问题。

（1）笔迹特征为字体较大，笔压无力，字形弯曲，不受格线限制，具有个性风格，容易变成草书；有向右上扬的倾向，有时也会向右下降，字体稍潦草。

这类人和蔼可亲，容易与人相处，善于社交活动，为体贴、亲切类型的人，气质方面具有强烈的躁郁质倾向。另外他们待人热情，兴趣广泛，思维开阔，做事有大刀阔斧之风，但多有不拘小节、缺乏耐心、不够精益求精等不足。

（2）笔迹特征为字形方正，一笔一画型，笔压有力，笔画分明，字字独立，字的大小与间隔不整齐，具有自己的风格，但笔迹并不潦草。字的大小虽有不同，但一般而言，显得较小。

这类人不善于交际，属理智型。他们处事认真，但稍欠热情；对于有关自己的事很敏感、害羞，对别人却不甚关心，反应较迟钝；气质方面具有分裂质倾向。

一般情况下，他们都有较强的逻辑思维能力，性格笃实，思考问题周全，办事认真谨慎，责任心强，但容易循规蹈矩。书写结构松散者形象思维能力较强，思维有广度；为人热情大方，心直口快，心胸宽阔，不斤斤计较，并能宽容别人的过失，但往往不拘小节。

（3）笔迹特征为字形方正，一笔一画，但与上述类型不同，为有规则的平凡型，无自己的风格，字迹独立工整，字形一贯，笔压很有力。

这类人凡事谨慎小心；做事有板有眼、中规中矩，但行动有些缓慢；意志坚强，热衷事务；说话唠唠叨叨，不懂幽默，不识风趣，有时会激动而采取过激行为；气质方面具有癫痫质倾向。

他们精力比较旺盛，为人有主见，个性刚强，做事果断、有毅力，有开拓和创新能力，但主观性强，固执。书写笔压轻者缺乏自信、意志薄弱，有依赖性，遇到困难容易退缩；笔压轻重不一，则想象思维能力较强，但情绪不稳定，做事犹豫不决。

（4）笔迹特征为字形方正，稍小，有独特风格，尤以萎缩或扁平字形为多。字迹大多各自独立，无草书，笔压强劲；字的角度不固定，但字体并不潦草。

这类人气量较小，凡事都缺乏自信、不果断，极度介意别人的言语与态度。简而言之，属于神经质性格的人。

他们还有把握和控制事务全局的能力，能统筹安排；为人和善、谦虚，能注意倾听他人意见，体察他人长处；右边空白大者，凭直觉办事，不喜欢推理，性格比较固执，做事易走极端。

（5）笔迹特征为每次书写字体大小与空间大小无关，字形稍圆弯曲，有时呈直线形，有时字形具有自己的风格，有时则工整而有规则；大小、形状、角度、笔压均不固定，潦草为其显著特征。

这类人虚荣心强，极重视外表，经常希望以自己的话题为中心，因此话很多；不能谅解对方立场，缺乏同情心与合作精神；由于以自我为中心，因此容易受煽动，亦容易受影响。

另外，这类人看问题非常现实，有消极心理，遇到问题看阴暗面、消极面太多，容易悲观失望。字行忽高忽低，情绪不稳定，常常随着生活中的高兴事或烦恼事而兴奋或悲伤，心理调控能力较差。

口头语言带有性格的烙印

口头禅这种语言习惯，不仅仅是一个人对特定词语的偏好，也可以反映出对人对事的态度。这是因为口头语言是说话习惯的一部分，它是我们每个人在日常生活中不知不觉形成的一种特有的话语风格。从另一个角度来看，口头语言带有很深刻的性格印记。

通常，经常连续使用"果然"的人，多自以为是，强调个人主张。他们经常以自我为中心，很少考虑他人的想法。

经常说"我早就说过……"的这类人，喜欢在事情告一段落或者发生了不良后果之后，用这样的语句来强调自己的先见之明和睿智，是自我主张的类型。

喜欢以"而且""可是"开头的人，常常在别人发表完意见之后做补充，看起来自己比别人思考得更周全，习惯把自己放在优先地位，是以自我为中心的类型。

常说"总而言之"的人，通常表达能力并不是很强，在阐述了很长一段之后总要用一些总结性的话语结束，以此来明确主题。

常使用"无论如何"的人,希望对事情尽早下结论,说话比较缺乏逻辑,而且性子很急。

经常说"反正""终究"的人,强调"完全如同预料",有一点嘲讽意味。虽然自我表现欲很强,本质却很害羞,不想让别人看到自己的弱点。

经常使用"其实"的人,表现欲较为强烈,希望能引起他人的注意。他们的性格大多比较任性和倔强,并且多少还有点自负。

经常使用流行词汇的人,热衷于随大流,喜欢夸张。这样的人独立意识不强,而且没有自己的主见。

经常使用外来语言和外语的人,虚荣心强,爱卖弄和夸耀自己。

经常使用地方方言,并且还底气十足、理直气壮的人,自信心很强,富于独特的个性。

经常使用"这个……""那个……""啊……"的人,说话办事都比较谨慎小心。这样的人就是我们所说的好好先生,他们绝对不会到处惹是生非。

经常使用"最后怎么样怎么样"之类词汇的人,大多是潜在欲望没有得到满足。

经常使用"确实如此"的人,多浅薄无知,自己却常常自以为是。

经常使用"我……"之类词汇的人,不是代表着软弱无能、总想求助于别人,就是虚荣浮夸,寻找各种机会表现自己,以引起他人的注意。

经常使用"真的"之类强调词汇的人,大多缺乏自信,害怕自己所说的话无人相信。遗憾的是,他们这样再三强调,反而更加让人起疑。

经常使用"你应该……""你必须……"等命令式词语的人,多为专断、固执、骄横的人,有强烈的领导欲望。

经常使用"我个人的想法是……""是不是……""能不能……"之类词汇的人,一般较和蔼亲切,待人接物时,也能做到客观理智,冷静地思考,认真地分析,然后做出正确的判断和决定。不独断专行,能够给予别人足够的尊重,同样也会得到别人的尊重和爱戴。

经常使用"我要……""我想……""我不知道……"的人，大多思想单纯，意气用事，情绪不是十分稳定。

经常使用"绝对"这个词语的人，做事十分草率，容易主观臆断，他们不是太缺乏自知之明，就是自知之明太过。

经常使用"我早就知道了"的人，有强烈的自我表现欲望，只能自己是主角，自己发挥。这样的人绝对不可能静下心来仔细倾听他人的谈话内容，更不要指望他能成为一个热心的听众。

另外，口头语出现频率极高的人，大多办事不干练，意志不够坚强。有些人，说话时没有口头语，这并不代表他们从未有过，可能以前有，但后来逐渐改掉了，这表现出一个人意志坚强，说话讲究简洁、流畅。

如果你想从口头语言上更多地观察你的对手，从而非常自如地驾驭你的对手，那么你就要在与对手打交道的过程中花费心血，仔细认真地揣摩，时时刻刻地回味分析。用不了多长时间，你就能迅速地从口头语言上了解你的对手。最为重要的是，每一次了解的过程都是一眼就看透。

透过打招呼惯用语看性格

美国心理学家斯坦利·弗拉杰博士声称，从一个人打招呼的习惯用语中，可以看出一个人自身的很多东西。经过对打招呼方式大量的研究发现，一些性格类似的人，他们与人打招呼的方式也非常相近。

下面，我们总结了人们惯用的 7 种打招呼方式，它们分别代表了不同性格特征的人。

1."你好"

此类人大多头脑冷静，只是有点迟钝。对待工作勤勤恳恳、一丝不苟，能够把握自己的感情，不喜欢大惊小怪，深得朋友们的信任。

2. "喂"

此类人快乐活泼,精力充沛,直白坦率,思维敏捷,具有良好的幽默感,善于听取不同的见解。

3. "嗨"

此类人腼腆害羞,多愁善感,极易陷入尴尬为难的境地,经常由于担心出错而不敢做创新和开拓的事情。有时也很热情,讨人喜爱,当跟家里人或知心朋友在一块时尤其如此。晚上宁愿同心爱的人待在家中,也不愿在外面消磨时光。

4. "过来呀"

此类人办事果断,喜欢与他人共享自己的感情和思想,好冒险,不过能及时从失败中吸取教训。

5. "看到你很高兴"

此类人性格开朗,待人热情、谦逊,喜欢参与各种各样的活动,而不是袖手旁观。这样的人开朗活泼,是十足的乐观主义者。不过,他们喜欢幻想,常被自己的情感左右。

6. "有什么新鲜事"

此类人雄心勃勃,好奇心极强,凡事都爱刨根问底,探个究竟,热衷于追求物质享受并为此不遗余力,办事计划周密,有条不紊。

7. "你怎么样"

此类人喜欢出风头,希望引起别人的注意,对自己充满了自信,但又时时陷入深思。行动之前,喜欢反复考虑,不轻易采取行动,一旦接受了一项任务,就会全力以赴地投身其中,不达目的,誓不罢休。

第十一章

选择座位也泄露内心
——解密座位信息

座位选择反映亲疏

　　同站立一样，在选择座位时也要保持适当的距离。一般来说，我们应本着不侵犯他人私人空间的原则去选择座位。因为每个人可以接受的私人空间大小是大不相同的，也正因为如此，座位的选择往往能反映一个人与对方的亲密程度。

　　人们在选择座位时主要有以下 3 种选择方式：其一是坐在对方的对面，其二是坐在对方的右侧面或左侧面，其三是与对方并肩而坐。这些方式反映的亲密程度具体如下。

　　（1）面对面相坐，这是一种防御性的就座方式。交谈的双方可能表面看上去非常熟悉、亲热，但实际上双方可能仅仅是普通朋友关系，双方之间在心理上缺少亲密度，而横在两人之间的桌子也就成了一道屏障，使双方之间产生了一种距离感。此种情况下，交谈的双方一般不适宜做各种姿势，因为这会让对方尽收眼底。当然，这种选择方式最大的好处就是可以避免两个不太熟悉的人直接面对面相处，也就减少了因对方的半身或全身呈现在另一方的视野范围之内，而让双方发生"心理对峙"现象的概率。

　　（2）坐在对方的右侧面或左侧面，这是一种较为友好的就座方式。说明坐下的双方较为随意、友好，或为好朋友关系，或是合作关系，双方可以无拘无束地进行交流。当然，交谈的一方可以做出很多姿势，同时他也可以自由地观察对方的姿势。此外，如果交谈的一方感到很压抑或被威胁的情况下，桌子的一角也为交谈的双方提供了一个小小的屏障。

（3）与对方并肩而坐，这是一种非常亲密的就座方式。它表明就座双方的关系非常亲密，如果异性之间如此就座，两人多半是情侣或夫妻关系；如果同性之间如此就座，则说明两人是非常亲密的、知心的好朋友关系。为什么这样说呢？因为选择此种座位方式，彼此都朝着一个方向，注视相同的对象，这就很容易产生连带感，虽然他们彼此之间没有发生视线的接触或交流，但两人的内心肯定是在进行着积极的交流。而双方没有视线的交流，彼此便不会受到对方视线的干扰，所以双方可以进行自由畅快的交谈。这也是为什么很多咖啡店增设的情侣座只有一个茶几和一条长椅。因为让热恋中的情侣并肩而坐，不仅有利于情侣们小声地互诉衷肠，还可以消除情侣将对方视为一个独立个体的心理潜意识，从而达到彼此心灵默默交融的目的。

咖啡厅里的座位选择

假设你和朋友约在咖啡厅见面，并且没有预订好座位，那么无论是你先到还是对方先到，你都可以通过观察他选择座位的方式，了解他的个性特点。

1. 从先到时坐的位置了解对方的性格

如果你到的时候他已经坐下了，不妨留心他选择的座位以及身体面对的方向。

如果他身体面向咖啡厅的入口，说明他是个体贴入微的人，因为这样可以很容易就看见你走进来，以免你找不到。这样的人很容易交往，对人展现出互助合作的态度。

如果他不但是面向入口，而且就坐在入口附近，那么他多半是个急性子，做任何事都想速战速决，非常焦躁，无法平静下来，对时间很敏感，此时此刻并不想和你悠闲地聊天，只是想立刻解决问题。

而背对着入口的人，是以自我为中心的人，宁愿白白地浪费时间，等着别人来找他，也不愿意主动招呼别人。

如果对方坐在墙壁旁边而且面向墙壁，多半是性格内向的人，不希望和人有瓜葛。

2. 从后到的人选择的座位，分析他的个性

反过来，如果这次是你比他先到，同样可以观察对方选择的位置。比如，面对面坐着的时候，对方是采取朝向你的对面姿势，还是会稍微挪一下身子，采取侧对着你的姿势。

正面朝向对方比侧面朝向对方感觉来得紧张，这是对决与竞争的要素很强的位置关系。如果对方坐在你的正对面，应该是抱着"今天一定要得出结论""打算做彻底的讨论"这一类的想法。这类人性格大多外向。

如果对方采取斜侧着的姿势，桌子被夹在中间，互相坐在转角和坐在直角的位置是同一类的。比起面对面的紧张感稍微低一点，可以比较轻松地谈话，很适合愉快的闲聊。或许对方也是这么打算而选择座位的。

坐在座位上，先解读这些姿势，你可以轻松做好心理准备。需要注意的是，如果对方是恋人、很亲密的朋友，或是异性的话，就另当别论了。

对座位的喜好透露个性

当你去朋友家做客，或者与人到餐厅就餐，肯定避免不了选择座位的问题。美国心理学家布兰德经过长期研究后发现，一个人如何选择自己的座位，往往与其性格紧密相关。

我国古代很多历史人物都非常善于选择自己的座位，比如，他们在参

加各种宴会时，往往会选择背向墙壁，且离窗很近的位置。他们为什么要选择这个位置呢？因为此位置面向门口，可以随时监视门口的一举一动，一旦有刺客或杀手来袭，他们便可以立即采取紧急措施，更为重要的是，背向墙壁可以避免有人从后面袭击自己，而选择临窗则可以方便自己在危急的时候破窗而走。同理，现在很多公司的CEO，都喜欢选择高楼大厦的高层或顶层背向大窗户的位置作为办公室，这正是为了保护自己的商业机密和个人人身安全，同时这种选择也恰恰反映了这些人小心谨慎的性格特征。

由此，通过一个人喜好的位置，我们就可以大致断定他的个性。

1. 喜欢门口的位置

一般来说，此类人的性格较为急躁，属于心直口快的类型，同时，此类人喜欢帮助、照顾他人。对他们来说，很多时候站着可能比端坐在位置上更为舒服，所以此类人永远也闲不下来。

2. 喜欢墙角处的位置

一般来说，越是喜欢选择靠近墙角里面的人，其性格越为谨慎，也特别敏感，其生活态度也相当认真，凡事处处小心谨慎，因而有时会变得有点神经质。此外，这类人的权力欲望往往也非常强烈。

3. 喜欢中央的位置

通常情况下，此种类型的人自我表现欲望较强，喜欢别人注目他或围绕着他打转。因而，与人交谈时他们总喜欢以自我为中心，有时还喜欢强迫别人听自己说话，与此同时，他对旁人的事情总是漠不关心，一旦有人向他提意见，或不小心冒犯了他，往往会遭到他猛烈的抨击。

4. 喜欢面向墙壁的位置

此种类型的人往往孤标傲世、特立独行。他们不喜欢与人尤其是与不熟悉的人发生任何瓜葛。在此类人心目中，与外界环境接触过多，只会给自己徒增烦恼，因而他们喜欢埋头于自己的世界中，经常忽视外部世界的存在。

5. 喜欢背靠墙壁的位置

此种类型的人，往往非常谨慎，同时也非常大胆，因而称他们胆大心细可能更为恰当。在做事时，他们喜欢精益求精；与人交往时，他们会显得热情大方，积极主动，因而很受别人的欢迎。

为什么要这样安排座位

我国传统的待客之道就是让客人居上座。一般来说，靠墙壁、靠窗的位置都是上座。为什么要这样安排座位呢？原因很简单，这既能体现你对客人的尊敬之情，也能赢得客人对你的尊重。

美国加利福尼亚大学的心理学家斯塔豪迈尔的研究也发现，在商务谈判场合中，虽然人们在文化背景上存在着细微的差别，但一个人对别人座位的安排，往往还是能体现他对别人的尊敬或喜好程度。

如果对方将你安排在他的对面，这就说明他视你为竞争关系，其内心也没有真正接纳你、相信你，在潜意识中他对你始终抱有一种防御态度。在交谈或谈判的过程中，你和对方总会有一种紧张感，如果处理不当，很可能将这种紧张感演变成对立。

如果对方选择一张较大的桌子，并将你安排在他的斜上方位置，这表明对方比较尊重你，其内心对你的认同感较为强烈，他往往将你视为能真正进行合作的朋友。交谈时，由于彼此较少发生目光接触，因此双方的心理负担较少，非常容易产生亲近感。

如果对方将你安排在同一水平位置上，甚至是并肩而坐，这就表明对方完全接纳了你，他不仅非常信任你，还会将你视为他的知心朋友。当然，对方对你的尊敬之情往往溢于言表。一般来说，双方若在此种条件下进行商务谈判，往往能获得双赢结果。

如果对方将背窗的座位安排给你，这就说明对方非常尊敬你，因为此座位能带给就座的人极大的优势。为什么这样说呢？我们知道，窗户往往是朝阳的，背对着窗户就座的人也就背对着太阳，所以坐在此座位上人的脸的表情变化就不易让对方看清楚。反之，坐在他对面或是两旁的人由于正对着太阳，因此其脸上的表情可以让背窗而坐的人看得一清二楚。

当然，在一些情况下，我们不需要对方给自己安排座位，而是根据自己的喜好来选择，但是这种选择往往会受到环境的影响。比如，一些酒吧的就座位置可能就不同于高级餐厅的。座位的方向和桌子之间的距离可能会对人们选择座位造成影响。比如，热恋中的情侣，只要有条件均喜欢并肩而坐，但是如果在一个拥挤的餐厅中，由于桌子之间的距离很小，这点就很难实现了，两人就不得不面对面而坐。

不要打扰选择独立位置的人

正如前面所说，每个人都有保护自己"地盘"的意识。所以我们在日常生活中会尽量避免侵犯他人的私人空间，同时竭力保护自己的私人空间不被他人所侵犯。

在心理学家萨默看来，一个人用来捍卫自己私人领域的手段除了身体微反应信号——姿势和动作外，还有座位的选择。当一个人不想和其他任何人发生瓜葛的时候，他往往会选择一个独立的位置静静坐在那儿。互不相识的人在公园的长凳上、图书馆，或者是在餐厅里等场合，通常会采取此种方式向别人表示"我现在不想和任何人接触，请你不要靠近我"。在一个随机人群的调查中，大约50％的被调查者都承认当他们采取此种方式就座时，就代表自己对别人或外界的一切事物毫无兴趣。

一个坐在独立位置上，不想被别人打扰的人如何来维护自己的私人空间不被他人所侵犯呢？萨默通过试验后发现，选择独立位置的人通常会采取这样两种方式来保护自己独立、宁静的私人空间。其一是尽量将位置选在少有干扰者的地方，其实也就是利用了座位选择中的"隔离原则"，即自己尽量坐到桌子的最边缘的地方，以此向那些企图入侵的干扰者表明"我是一个喜欢安静的人，请你不要打扰我，我之所以会坐在桌子的边缘，就是想告诉你尽量离我远点；如果你确实想在此一坐，那你就坐吧，不过我可不敢保证会发生什么"。其二是一人独占一张桌子，其具体方法往往是占据桌子一边的中间位置，并以此告诉别人"请你不要在这个地方坐，我喜欢独处，如果你一定要坐在这个位置，我会非常讨厌你"。当然，这种方式往往是不礼貌的，通常会遭到别人的鄙视和嘲笑。

一般来说，在公共场合中，只要看见有人保持上述坐姿，很多人会自觉远离他们，以免不小心触怒他们，导致某些尴尬场面的出现。

需要注意的是，当一个人在保护自己独立位置，或是捍卫自己的私人空间时，最好能采取合情合理的方式和手段。因为如果你采取的方法不当，很容易让别人产生误会，甚至是敌意。

判断身份地位，看座位就好

在一张长方形、正方形、椭圆形或是圆形的桌子旁边就座时，你选择就座的那个位置往往就能揭示你的身份地位，或你与他人的关系。

通常情况下，如果你坐在会议桌子的上头，这就说明你是公司的领导者或至少是地位较高的人，因为这个位置是此类人的专属区域。

如果你坐在领导位置的右侧，说明你肯定是一个公司的高级职员。因为一个领导绝对不会将一个自己不重视或者对自己有威胁的人安排在自己的身边，所以坐在领导右侧的人往往是老板的得力干将。当然，坐在领导左边的人，往往也是公司的高级职员，或是地位较高的人。但相比于领导的"左助手"，"右助手"往往更能得到领导的信任和爱护，所以在很多员工眼中，"右助手"比"左助手"拥有更大的权力。

如果你和对方坐在一张矩形桌子的两边，那么可以基本断定你和对方存在着防御或竞争的关系。因为你和对方都拥有大小相同的独立的四面空间，彼此可以就感兴趣的话题进行较为自由的探讨、辩论，甚至是争论。当然，此种座位情况也可能存在于上级和下级、领导和被领导者之间，并且其与领导者或地位较高者距离越远，说明其地位就越低。

如果你和对方坐在一张正方形桌子旁，那么你和对方的关系更趋近于合作或同事关系。因为此种位置最有利于交谈双方进行简短、开诚布公、直截了当的谈话或者谈判。

如果你和对方坐在一张椭圆形的桌子旁，那么你和对方的关系多半为朋友或合作的关系。因为在此种条件下，交谈或谈判的双方对对方有较强的信任感，并在内心有一股非常强烈的愿与之交往的念头。

由此可见，要想判定一个人在公司或社会上的地位，或是他与别人的关系，一般通过观其座位的位置便可知其大概了。

老师的宠儿总是教室左边那个

眼睛作为一个人获取信息或与他人进行沟通的最主要、最可靠的渠道，它可以是逃避躲闪、游离不定、模糊混乱的，也可以是传达内疚的、害怕的、慌张的情绪或感觉，抑或是表达自信、坚强的。通常情况下，一个人通过眼部活动，可以达到寻求信息、提供信息、相互调节关系，以及表示关心、喜恶等目的。

那为什么老师的宠儿总是坐在教室左边的那个？原因很简单，这与老师看人时的眼睛获取的信息量有关。研究发现，一个人右边视野获得的信息通常是左边的 3 倍。而心理学家普林斯曼的研究则发现，在课堂上老师们常常会忽略坐在自己左边（教室右边）的学生，他们的眼神在 32% 的时间里集中在自己的正前方；51% 的时间集中在自己的右边（教室的左边），仅有 17% 的时间集中在自己的左边（学生的右边）。

正是这个原因，坐在教室右边的孩子通常会产生被老师冷落的感觉，而坐在教室左边的孩子，由于很多时候处在老师的"眼皮底下"，因此常会产生老师很关照自己的感觉。因而，相比于坐在教室右边的孩子，坐在教室左边的孩子能从老师那里获得更多的信息量，因为他们与老师眼神接触、交流的机会更多。而孩子们的学习测验成绩也似乎证明了这一点，在被普林斯曼试验的 100 名学生当中，坐在左边孩子的平均成绩要比坐在右边和后边孩子的平均成绩高出近 5 分。

与此同时，普林斯曼还发现，坐在教室左边（或是老师右边）的孩子容易得到老师"宠爱"这一"潜规则"在商业活动中也同样适用。普林斯曼随机跟踪调查了 100 名销售人员后发现，坐在顾客右侧的销售人员往往更能获得顾客的青睐，他们与顾客交流的时间也更多，因而其获得的顾客订单通常要比坐在顾客左侧的销售人员高 15% 左右。

可见，当你送自己的孩子上学时，或者在参加商业销售活动时，应该让自己的孩子坐在教室的左侧，或者让自己坐在顾客的右侧。这对孩子的学习或你的工作业绩是大有裨益的。

在餐桌上达成协议

人类学家告诉我们，当人类处于原始社会时，就像今天的很多鸟儿一样，是住在树上的，其日常食物也是以野果、树叶以及各种植物的根茎为主。历经数百万年以后，我们的祖先陆续从原始丛林中走了出来，开始以捕食各种动物为生。由于当时的生产力水平非常低，为了能够生存下去，祖先们通常采取群居的方式。在食物的获取上，他们也改变了以往单干的方式而采取合作狩猎的方式，以便能捕捉到一些较大的动物。他们日出而作，日落而归。每当傍晚的时候，他们就在居住的洞穴入口处点燃一堆火：一方面是为了吓跑猛兽，另一方面是用来烤熟白天狩猎的动物，同时也用来取暖。当祖先们在洞里大快朵颐的时候，他们都会背朝着山洞的洞壁，这样就能避免受到可能来自背部的一些攻击。

这种围绕着火堆共同进食的古老传统一直延续到现在，如现在的野外烧烤、野炊等。现代人在这些场合中的各种反应和行为与祖先们在几十万年前所做的非常相似。

在当代各种商业活动中，很多谈判或者合作，都是在餐桌上进行的。一般来说，在餐桌上，当你让对方放松警惕的时候，往往就是你最容易让他做出有利于你的决定的时候。为了在餐桌上实现自己的这一目的，你就必须记住我们祖先的故事，并认真遵守以下几个简单规则。

（1）将对方安排在背靠墙壁或者是有屏障的座位上。正如祖先们在洞穴里大快朵颐的时候背靠墙壁而坐，以避免受到可能来自背部的一些攻击一样，无论在家中用餐，还是在餐厅就餐，都应该让对方坐在靠墙壁或者有屏障的座位上，这样就可以大大减轻他对背后遭到侵犯的心理负担，进而让其放松警惕，处于轻松的状态之中。与这样的对手进行谈判，你肯定会处于上风的。其实，心理学家的研究也已经证实，当一个人就座的时候背朝空旷空间的话，尤其是当背后还有人来回走动时，他的呼吸不仅会加快，血压也会迅速上升，更为重要的是，其心跳频率和大脑波动的频率也会大大加快。如此一来，其整个神经系统就会处于高度戒备状态之中，进而就会大大提高对你的警惕性。与这种状态下的对手进行谈判，你是几乎占不到任何便宜的。

（2）选择的餐厅灯光不应太明亮，最好伴有一些轻快放松的背景音乐。心理学家研究发现，如果谈判就餐的餐厅灯光较为暗淡，并伴有轻快放松的背景音乐，会大大放松谈判双方紧绷的神经。很多高级餐厅在入口处设有开放式壁炉或仿古的炉灶，就是为了让来此的顾客们重温祖先们当年的生活情景，以勾起他们对远古时代的遐想，进而达到放松、休闲的目的。所以，当你打算邀请自己的谈判对手外出就餐时，这样的餐厅是首选。在你的对手放松的同时，他也不知不觉中做出了有利于你的决定。相反，如果你邀请谈判对手去一个灯光明亮、嘈杂声不断的餐厅就餐、谈判，你是不可能取得自己想要的理想结果的。因为在灯光明亮、充满嘈杂声的环境中，一个神经紧绷的人很难放松下来，甚至他原本就紧绷的神经可能绷得更紧。

一般来说，你做到了这两点，再加上自己的主观努力，你很有可能会取得心里想要的结果。不信的话，你不妨一试。

第十二章

外表是思想的形象表达
——解密穿着打扮信息

衣服是思想的形象

大文豪郭沫若曾说过，"衣服是文化的表征，衣服是思想的形象"。意思是说人可以通过衣着打扮来向外界展示自己。

随着人类社会的发展与进步，现在从衣着打扮上判断一个人的难度在无形之中增大了，因为现在人们提倡张扬个性，不再拘泥于某一种形式，所以不能按照传统的方法进行观察和判断。但也正是由于张扬个性，不拘泥于形式，人们可以更加充分地表现自己的心理状况、审美观点等，因此，我们可以从以下方面把握一个人的性格特征。

一般来说，喜欢穿简单朴素衣服的人，性格比较沉着、稳重，为人比较真诚和热情。这种人在工作、学习和生活中，比较任劳任怨、诚实、勤奋好学，而且能够做到客观和理智。但是，如果过分朴素就不太好了，这种情况表明其缺乏主体意识，软弱而容易屈服于别人。

喜欢穿单一色调服装的人，比较正直、刚强，理性思维要优于感性思维。

喜欢穿淡色便服的人，多为比较活泼、健谈，并且喜欢结交朋友的人。

喜欢穿深色衣服的人，性格十分稳重，一般比较沉默，凡事深谋远虑，常会有一些意外之举，让人琢磨不透。

喜欢穿式样繁杂、五颜六色、花里胡哨衣服的人，多是虚荣心比较强、乐于炫耀的人，他们任性甚至还有些飞扬跋扈。

喜欢穿过于华丽衣服的人，多为具有很强的虚荣心和自我显示欲、金钱欲的人。

喜欢穿流行时装的人，最大的特点就是没有主见，不知道自己有什么样的审美观，他们多情绪不稳定，且无法循规蹈矩。

喜欢根据自己的爱好选择服装而不随潮流而动的人，大多独立性比较强，有果断的决策力。

喜爱同一款式的人，性格大多比较直率和爽朗，他们有很强的自信心，爱憎分明，是非观极强。他们的优点是行事果断，显得十分干脆利落，同时他们也有缺点，那就是清高自傲，常常自以为是。

喜爱宽松自然的打扮，不讲究剪裁合身、款式入时的衣着的人，多是内向型的。他们常常以自我为中心，而不能走进其他人的生活圈子。他们有时候很孤独，也想和别人交往，但在与人交往中，因为总会出现不如意，最后还是以失败而告终。他们多半没有什么朋友，可一旦有，就会是非常要好的。他们的性格中害羞、胆怯的成分比较多，不太喜欢主动接近别人，也不易被人接近。一般来说，他们对团体活动没有兴趣。

T恤上的文字和图案想要表达什么

当今，T恤已经成了夏日里最普遍而且最受欢迎的服装，男女老少皆宜。在过去，T恤只是用来保暖和吸汗的内衣，可是现在，它承载了穿衣者的各种情绪和想法。所以，通过T恤的款式和装饰，可以更直观地看出一个人的性格。

习惯于选择没有花样的白色T恤的人，多是一些比较独立的人，他们不会轻易地向世俗潮流低头。他们一般都会具有一定程度的叛逆性，但表现的形式往往不是特别明显与恰当。

喜欢选择没有花样的彩色T恤的人，自我表现欲望并不是十分强烈，他们甚至甘于平庸和普通，做一个默默无闻的人。他们多数比较内向，不喜欢张扬，而且富有同情心，在自己能力许可的范围内，会去关心和帮助他人。

喜欢在 T 恤上印有自己名字的人，思想多数是比较开放和时尚前卫的，能够很轻松地接受一些新鲜的事物，他们对一些陈旧迂腐的老观念多持一种排斥的态度。他们的性格比较外向，喜欢结交朋友，为人比较真诚和热情，所以通常会有不错的人际关系。他们的自信心还是挺强的，有一定的应变能力，在不同的情况下，能够随机应变地做出应对策略。

喜欢 T 恤上印上各种明星的画像及与之有关的东西的人，多属于追星族，他们对那些人十分崇拜，并且希望自己有朝一日能像他们一样。他们很乐于向别人表达自己的这种心理。

喜欢在 T 恤衫上印上一段幽默标语的人，多具有一定的幽默感，而且很聪慧。另外，他们也具有很强的表现欲望，希望能够引起别人的注意。

喜欢穿印有学校名称或大企业标志的 T 恤的人，一般比较希望他人知道自己的身份，并且对自己所在的单位和企业具有一定的感情。他们希望能够以此为载体，吸引一些志同道合的人。

喜欢穿印有著名景点风景的 T 恤的人。这种类型的人对旅游总是很有兴趣的。他们的性格多是外向型的，对新鲜事物的接收能力很强，而且具有一定的冒险精神。他们的自我表现欲很强，希望把自己知道的一切都传达给他人。

首饰是个性的外显

佩戴各种饰品，在古今中外，都有着相当长的历史，这是人类审美意识觉醒以来最传统的一种装饰行为。这种行为不仅为人们增添了无尽的风采，而且也将人们的身份喜好区分得一目了然，同时还体现了人们对生活目标的追求和审美时尚的选择。有人认为，佩戴饰品还具有"延长自我"的特点。饰品时刻都在传递着人们的性格、性情和情绪等信息。试想，如果一个人的形象和代表"延长自我"的饰品成反比，就会给人不完整的印象，所以，根据饰品来判断一个人的性格是有章可寻的。

1. 饰品暗示你希望别人注意的部位

饰品和服装都是身体微反应的道具，但与服装不同的是，饰品是可有可无的点缀。没有饰品并不要紧，如果添加饰品配件的话，则是希望增添魅力的表现。饰品具有吸引视线的作用，人们会将视线自然而然地落在对方佩戴饰品的部位。而这些部位，通常是自己最喜欢的部位或最珍惜的部位，不然就是最希望对方看见的地方。

如果胸前佩戴着项链坠子，下意识的想法就是希望男人将目光聚焦在自己胸前，如果想让人家注意耳朵就戴耳环，想让人家注意手部就戴上戒指。除非是比较亲密的关系，否则男性不可能直接盯着女性的身体看，但如果注视着饰物，就不会显得那么不自然。在这一类女性面前的男性，最好能称赞首饰，女性会因为对方注意到这些细节而感到高兴，两人的关系一定也会拉近许多。

2. 不同首饰的偏好

一个人选择的饰物只有与自己的个性相匹配，才能达到最佳的效果。因此，这种选择，也是一个人性格的外显。

喜欢戴手镯的人，多数是精力充沛、很有朝气和活力的。他们多是比较聪明和有智慧的，并且有某一方面的特长。他们是有追求、有理想的一群人，在绝大多数时候知道自己想要什么，并且会主动追求自己想要的东西，即使在感到迷茫时也不会轻言放弃，而是在行动过程中进行探索。

讲究衣着、重视整体搭配的人，常常会戴一枚小小的胸针。这样的人相当重视自己在他人心中的形象。他们在为人处世方面处处小心谨慎，不会贸然地做出某种决定。他们有一定的疑心，不会轻易地相信某一个人，即使对非常要好的朋友,也有一定保留。他们希望自己能够引起别人的注意,但又总是习惯于用谦虚的态度来掩饰这种心理。

喜欢佩戴体积大、坠多、灿烂醒目的珠宝的人,多是爱表现自己、爱出风头的人。无论他们走到哪里,总会成为众人的焦点。他们比较热情,并且这种情绪还会传染其他人。他们比较积极和乐观,爱幻想。

喜欢佩戴体积小、不太打眼的珠宝首饰的人,多为谦虚而又稳重的人。他们的内心多十分平静,在任何事情面前都能保持顺其自然的心态。他们一般不太希望引起他人的注意,随便自然一些反倒更好。

所选择的装饰品具有很浓厚的民族风格的人,一般来说个性是相当鲜明的,他们总是有自己独特的思维和见解。

3. 全身穿孔的人是爱表现又幼稚的人

大多数女孩都有耳洞,在身上穿孔也是一些民族的风俗习惯。穿孔本身并无特殊之处,但如果在耳朵上打很多洞,或在鼻子、眼角、嘴唇等部位穿洞的话,就可以看出几种心理倾向: 想要强调自己的存在、想要确认自己,并且向人展现自己的个性,或是对社会采取反抗态度。他们只会和同伴在一起,对别人都采取排斥的态度,具有以自己的生活方式或情感为先的倾向。

在嘴唇四周和舌头、脸颊等不适合穿洞或打洞会疼痛的部位穿环的人,是因为不确定自己的存在而感到强烈不安,或许希望能借由这种不协调与疼痛感来确实感受到自己的存在,借以解除心中的不安。这也可以看作是一种触摸自己而得到抚慰的方式。

也有人是在看不见的地方打洞,例如,在肚脐、乳房和性器官等看不到的部位穿环,可以说是享受自己私底下的秘密,比起与他人接触,他们更享受在自我世界中独处的愉悦。

4. 从首饰的华丽程度看内心是否坚强

佩戴首饰不仅是修饰外貌的方法,也带着很强的自我表现的意味。仔细观察就会发现，性格安静、内向的人和活泼外向的人选择的首饰类型会有明显的差别，因为他们想在人前呈现出的是完全不同的两种气质。

有的人喜欢佩戴闪耀光芒且引人注目的首饰，令其他人看了都会觉得似乎非常贵重。这类人通常自认为富有，并且乐于向别人夸耀自己是属于上流社会的人。这种人多是好强争胜、力图向上的性格，喜欢追求金钱和权势，瞧不起贫穷、看起来弱势的人以及一般的人，十分重视经济条件，会因为经济状况的改变而忧心忡忡，金钱可以使他们心绪安宁，给他们带来安全感和满足感。其实，全身珠光宝气的人，恰恰是缺乏自信的人，需要借助华丽的首饰来增强自信，隐藏自己虚弱、胆怯的一面。

而那些完全不戴首饰的人，或是饰品非常简单朴实的人，通常对自己的想法与生活方式都非常坚定，不需要依赖首饰之类的饰品表现自我。虽然外表看起来有点保守拘谨，但他们只不过是看起来更加成熟稳重、内心坚强而已。

戒指中的玄机

喜欢在某根手指上戴两个戒指的人，往往具有保守与进步的矛盾思想，很多时候他也想去追逐潮流，但又很难摆脱心底的犹豫，因而其内心常常处于一种进退两难的矛盾状态之中。尤其是那些喜欢在小指上戴两个戒指的女性，常有着非常强烈的好奇心。很多时候，她们内心虽然非常渴望受到男性的邀约，而一旦受到男性的邀请时，却又没有了赴约的勇气。此外，这类女性对金钱也有着非常强烈的渴望，不喜欢平淡无味的生活。

喜欢同时戴好几个戒指的人，表明他此时正身陷物质、精神等困惑之中。很多时候，这类人的价值观会迷失在滚滚红尘之中，因而到最后，他不过是庸俗、平淡的代表。另外，此种人表由省求足直物质、精神等困惑中左右挣扎，实则是在寻求一种最佳的自我保护方式，所以他们是相当会保护自己的。

喜欢戴小戒指的人，个性较为积极，有比较丰富的想象力和创造力，但是他们的这些想象力和创造力多与生活实际需求无关。他们常怀着非常迫切的心情想向他人说明自己的想法，也非常清楚如何表现自我，却从不担心自己的表现是否太过刺眼或强烈，因为他们奉行"我快乐，我表现"的简单原则。

喜欢戴大戒指的人，尤其是喜欢将其戴在中指上的女性，也有着较为强烈的表现欲望，她们生性较为活泼，作风大胆，喜欢与人交流。与此同时，此类女性也非常敏感，一旦遇到某些刺激，哪怕是非常小的刺激，很容易陷入歇斯底里的状态之中。由于她们具有较强的自尊心，所以一般不会轻易接受异性的邀请。

一个人戴的结婚戒指越大、越华丽，则表明此人越想向别人宣告他的婚姻状况，同时也表明此种人的表现欲望越强烈。同样的，一个人手上的结婚戒指戴得越紧，则表明他对自己婚姻的忠诚度越高。反之，如果一个人经常将自己的结婚戒指从自己的指头上取下来玩耍，或是拿在手里呆呆地看着，这就表明此人对自己的婚姻状况有所质疑。

如果一个人喜欢戴红宝石或红碧玺颜色的戒指，则说明其性格外向，热情似火；如果一个人喜欢戴粉红钻或粉红色珊瑚颜色的戒指，则说明此人的感情较为细腻，且颇具浪漫情怀；如果一个人喜欢戴祖母绿或土耳其石颜色的戒指，则说明其比较敏感，感情也较为脆弱；如果一个人喜欢戴蓝宝石或海水蓝颜色的戒指，则说明其性格较为内向，情感表现较为冷淡。

一般来说，那些喜欢戴纪念戒的人，往往缺乏归属感，所以他们企图通过戴纪念戒的方式，使自己的心灵与纪念对象保持一种联系，以此获得心灵的慰藉。

从手表样式看时间观念

"一寸光阴一寸金，寸金难买寸光阴"，这是在说时间的宝贵。时间在不知不觉中悄无声息地流逝，不同的人对此会有不同的感受。有的人视若无睹，而有的人则表示深深的惋惜，然后，抓紧利用每一分钟去做一些有意义的事情。一个人对待时间的看法，很大程度上是由他的性格决定的，而时间对他具有什么样的影响，很多时候又能通过佩戴的手表传达出来。

1. 喜欢戴电子表的人

有一种新型的电子表，只要按一下显示时间的键，就会出现红色的数字，如果不按，则表面上一片漆黑，什么也看不见。喜欢戴这一类型手表的人多是特立独行之人。他们独立意识非常强烈，希望自由自在、无拘无束地去做自己想做并且也愿意做的事情。他们善于掩饰自己的真实情感，所以一般人不能轻易走近并了解他们。在别人看来，他们是特别神秘的，而他们自己也非常喜欢这种神秘感，乐于让他人对自己进行各种猜测。

2. 喜欢戴液晶显示型手表的人

喜欢戴液晶显示型手表的人，在生活中多比较节俭，知道如何精打细算。他们的思维比较单纯，对简捷方便的事物比较热衷，而对于太抽象的概念则难以理解。他们在为人处世方面多持比较认真的态度。

3. 喜欢戴闹钟型手表的人

喜欢戴闹钟型手表的人，大多对自己要求特别严格，总是把神经绷得很紧，一刻也不放松。这一类型的人虽算不上传统和保守，但他们习惯于按一定的规律和规定办事，他们在争取成功的过程中，任何一件事都是以相当直接而又有计划的方式完成的。他们非常有责任心，有时候会在这方面刻意地培养和锻炼自己。除此之外，他们还有一定的组织和领导才能。

4. 喜欢戴具有几个时区手表的人

戴具有几个时区手表的人多是有些小现实的人。他们有一定聪明的想法，但不会努力付诸实践；做事常三心二意，这山望着那山高；在一些责任面前，常以逃避的方式面对。

5. 喜欢戴古典金表的人

戴古典金表的人多是具有发展眼光和长远打算的人，他们绝对不会为了眼前的利益而放弃一些更有发展前途的事业。他们心思缜密，头脑灵活，往往有很好的预见力。他们的思想境界比较高，而且非常成熟，凡事看得清楚透彻。他们有宽容力和忍耐力，又很重义气，能够与家人、朋友同甘共苦、生死与共。他们有坚强的意志力，从来不会轻易向外界的一些困难和压力低头。

6. 喜欢怀表的人

喜欢怀表的人，多对时间具有很好的控制能力，虽然他们每天的生活都是忙忙碌碌的，但却并不是时间的奴隶，而懂得如何在有限的时间里让自己放松并且寻找快乐。他们善于把握和控制自己，适应能力非常强，能够很好地调整自己的心态。他们多有比较强的怀旧心理，乐于收集一些过去的东西。他们言谈举止高雅，有一定的文化修养。他们有比较浓厚的浪漫情怀，常会制造一些出人意料的惊喜。他们为人处世有耐心，很看重人与人之间的感情。

7. 喜欢戴上发条的表的人

喜欢戴上发条的表的人，独立意识多比较强。他们坚持事情一定要自己动手做。他们乐于做那些可以马上见到成果的工作，如干一次体力活。他们最看重的是自己所获得的那种成就感，但在这个过程中，他们又不希望一切都是轻而易举就能获得的，那样反而没有了意义和价值。他们并不希望得到他人过多的关心和宠爱。

8. 喜欢戴没有数字的表的人

戴没有数字的表的人。这一类型的人抽象化的理念较为强烈，他们擅长观念的表达，而不希望什么事情都说得十分明白。他们很在意对一个人智力的锻炼和考验，认为把一切都说得太明白就没有任何意义了。他们很喜欢玩益智游戏，而且他们本身就是相当聪明和智慧的。他们对一切实际的事物似乎并不是特别在乎。

9. 喜欢戴由设计师为自己设计的手表的人

喜欢戴由设计师特别为自己设计的手表的人，大多非常在乎自己在他人心目中的形象和地位，并且可以为了迎合他人而改变自己。他们时常会大肆渲染地夸张一些事情，以证明和表现自己，吸引别人的注意。

10. 不戴手表的人

不戴手表的人，大多有比较独立自主的性格，他们不会轻而易举地被他人支配，而只喜欢做自己想做并且也愿意做的事情。他们的随机应变能力比较强，能够及时地想出应对的策略，而且非常乐于与人结识和交往。

帽子——从头开始表现

世界各地都在生产各式各样的帽子，出入任何一家娱乐场所、大型酒楼餐馆，都会看到衣帽间的牌子，这说明帽子对于一个人来说，有着十分重要的用途，它可以帮人建立某种形象，使人的个性在众人面前得以展现。

1. 爱戴礼帽的人

戴礼帽的人都自认为稳重而具有绅士风度。这种人的愿望是让人觉得他有稳重和成熟的风格，在别人面前，经常表现得非常热爱传统。除帽子外，这种人穿的皮鞋任何时候都擦得锃亮，而且所穿的袜子也一定会给人以厚实的感觉，即使是炎热的夏季，他也会拒绝穿丝袜，同时也讨厌穿着凉鞋和拖鞋走路。他们常常表现得很清高，甚至有些自命不凡，认为自己不管做什么都会成功。

2. 爱戴旅游帽的人

旅游帽既不能御寒也不能抵挡太阳的照射，纯粹是作为装饰之用。用这种帽子来装扮自己，以打造某种气质或形象；或者戴上它用来掩饰一些自己认为不理想或者有缺陷的东西。从这些表现出来的特点看，爱戴旅游帽的人并不是一个诚实的人，而是个善于投机取巧的人，因此真正了解他的人少之又少，而一般人所看到的只是他的外表。

3. 爱戴鸭舌帽的人

一般有点年纪的人才戴鸭舌帽，鸭舌帽营造出稳重、办事踏实的形象。如果男人戴这种帽子，那么他会认为自己是个客观的人，从不浮华，面对问题时，能从大局着想，不会因为一些旁枝末节而影响整个大局。有时候他自以是个老练的人，在与别人交往时，就算对方胸无城府，他还是喜欢与别人兜着圈子，就算把对方搞得晕头转向，也不直接说出自己的心思。

4. 爱戴彩色帽的人

爱戴彩色帽的人非常清楚在不同的场合、穿不同颜色的服装，应该佩戴不同色彩的帽子，他是个天生会搭配且衣着入时的人。这种人喜欢色彩鲜艳的东西，对时下的潮流非常敏感。每当出现新鲜玩意，他总是最先尝试，希望自己的生活可以成为他人眼中多姿多彩的人，是享受快乐，走在时代前列的代表。

同时，这种类型的人也是个害怕寂寞的人，因为他精力旺盛、朝气蓬勃，那颗不甘寂寞的心，总是使他躁动不安，他会经常邀请伙伴们一起到歌舞升平之地尽情玩耍。当最后一支舞跳完后，曲终人散的那种寂寞滋味会油然而生。

5. 爱戴圆顶毡帽的人

爱戴圆顶毡帽的人对任何事情都会产生兴趣，但从不表达自己的看法，即使有看法也是附和别人的论点，好像自己没有什么主见似的。但他并不是没有主张，只不过是个老好人，不愿随便得罪一个人，哪怕是个最不起眼的人。从本质上讲，这种类型的人是个忠实肯干的人，他相信只有付出才有收获的道理。在他平和的外表下，有一颗执着的心，他相当痛恨不劳而获的人，相信君子爱财取之有道，他从来不让不义之财玷污自己的手指。

领带中的千言万语

领带的作用类似于女人的丝巾，男人的行事原则和人品秉性可以完完全全地展现在领带系法及颜色的搭配上。仔细观察周围男士的领带，便会发现他们性格的一些蛛丝马迹。

1. 领带结又小又紧的男人

如果有这种喜好的男人而又身材瘦小，说明他们是有意系小而紧的领带结，让自己在他人匆忙的一瞥时显得"高大"一些。如果他们并无体形之忧，则是在暗示别人最好别惹他们，他们不会容忍别人对自己有半点的轻视和怠慢，这是气量狭小的表现。由于生活和工作中谨言慎行，疑心甚重，他们养成了孤僻的性格。他们凡事先想到自己，热衷于物质享受，对金钱很吝啬，一毛不拔，几乎没什么人愿意和他们交朋友，他们也乐于一个人守着自己的阵地孤军奋战。

2. 领带结不大不小的男人

先不考虑领带的色彩和样式，也不管长相和体形，男人配上这种领带结，大都会容光焕发，精神抖擞。他们可以获得心灵上的鼓舞，会在交往过程中注重自己的言谈举止，不管性格如何，都显得彬彬有礼。由于认识到领带的作用，他们在打领带结时常一丝不苟，将其打得恰到好处，给人以美感。他们安分守己，把大部分时间放到工作当中，勤奋上进。

3. 领带结既大又松的男人

领带的作用是使男人更加温文尔雅，但将领带结打得既大又松的男人展现的风度翩翩绝不是矫揉造作的，而是货真价实的，是他们丰富的感情所展现出的风采。他们大都不喜欢拘束，他们积极拓展自己的生活空间，主动与他人交往，练就高超的交际艺术，在社交场合深得女人的青睐。

4. 领带绿色、衬衫黄色的男人

绿色象征生命和活力，是点缀大自然最美妙的颜色；黄色代表收获和金钱，是财富与权势的徽章。这样搭配领带和衬衫的男人富有青春活力与朝气，想什么就做什么，不喜欢拖泥带水，对事业充满信心，不过有时会鲁莽冲动，自控能力比较差。

5. 领带深蓝色、衬衫白色的男人

"蓝领"代表工人阶层，"白领"代表管理阶层，他们将两者融合到一起，上下兼顾，少年老成，同时不乏翩翩风度；由于视野开阔，白领的诱惑远远超过蓝领，因此他们对工资十分关注，事业心极重，在奋斗过程中常常出现急功近利的表现。

6. 领带多色、衬衫浅蓝色的男人

五彩缤纷是人们对美好事物的形容，充满了迷离和诱惑，普通人和勤奋的人往往对此敬而远之。所以选择这种领带和衬衫的人拥有一股热衷于名利的市井气息。路边的野花繁多美丽，常常使他们心猿意马，见异思迁的他们对爱情往往不能用情专一，追逐的目标总是换了一个又一个。

7. 领带黑色、衬衫白色的男人

黑白分明是对阅历丰富之人的形容，所以喜欢这种打扮的人多为稳健老成之士。由于看得多，感悟也多，他们有着坚定的人生追求。另外，他们还善于明辨是非，相信"善有善报，恶有恶报"，正义感在他们身上得到了最大的展现。

8. 领带黑色、衬衫灰色的男人

领带黑色、衬衫灰色的男人，不用看他们的表情如何，仅这身打扮就让人有种不舒畅的感觉。这种人一般都有很深的忧郁，而这份忧郁是气量狭小所致，他们选择这身打扮，正是为了掩盖这个缺点。在工作当中，老板考虑到其他员工的情绪，常常请他们卷铺盖回家，所以他们也经常变换工作。

9. 领带红色、衬衫白色的男人

红色象征火焰，代表奔放的热情，更是一种积极和主动的表现，所以

男人选择红色领带，就像追逐太阳的光辉，以使自己成为关注的焦点。他们本应该属于充满野心的类型，但白色代表纯洁，是和平与祥和的象征，白色衬衫让别人对他们刮目相看，看到他们如火一样的热情和纯洁的心灵。

10. 领带黄色、衬衫绿色的男人

用辛勤的耕耘换取丰硕的收获，按照理想设计自己的生活和人生，并勇于实施，他们流露出的是诗人或艺术家的气质。他们相信付出就会有回报，所以不会杞人忧天地担心秋后是否会因为意外的暴风雨而颗粒无收。他们与世无争，保持柔顺的性情，对人非常和蔼可亲。

11. 不会系领带的男人

不会打领带的男人，大都心胸豁达而不拘小节。他们或是有某种常人没有的绝技在身，或是先天具有领袖才能，使他们不屑于将精力消耗在系领带这样的细节问题上。他们性情随和，有同情心，朋友甚多，口碑亦好，且夫妻情笃、家庭美满。

提包——拿在手里的心情

提包在人们的工作、生活和学习中是非常重要的一件物品，很多时候它几乎与人形影不离，人走到哪里，它们也随之被带到哪里。正是因为提包具有如此重要的作用，所以，它们在一定程度上可以向外界传达提包主人的信息。

提包的样式众多，人们可以根据自己的喜好进行选择。一般来说，选择的提包比较大众化的人，其性格也比较大众化，或者说没有什么特别鲜明的、属于自己的个性。他们在很多时候都是随大流，大家都这样选择，所以他们也这样选择，没有自己的看法，目光和思想都比较平庸和狭隘。人生中或许多少有收获，但不会有大的成就和发展。

1. 喜欢休闲式提包的人

选择的提包多是休闲式的人，可以看出他们的工作具有很大的灵活性，正是由于这样的条件，再加上先天的性格，这类人大多很懂得享受生活。他们对生活的态度比较随意，不会过分苛刻地要求自己。他们比较积极和乐观，也有一定程度的进取心，能很好地安排工作、学习和生活，做到劳逸结合，能在比较轻松惬意的环境中把属于自己的事情做好，并取得一定的成就。

2. 喜欢公文包的人

选择的提包多是公文包，这也从一方面说明了提包主人工作的性质。他们可能是某个企事业单位的总经理，如果是普通职员，也是在比较正规的单位。选择公文包可能是出于工作的一种需要，但在其中多少也能表现此种人的性格特征。这样的人大多数办事较小心和谨慎，他们不一定不苟言笑，但即使是有说有笑，对人也会相当严厉。当然，他们对自己的要求往往更高。

3. 喜欢方形提包的人

有小把手的方形或长方形的手提包，在有些时候可以当作一件饰品。这种手提包外形和体积都相对比较小，所以使用起来并不是特别方便。喜爱这一款式手提包的人，多是没有经历过什么磨难的人。他们内心比较脆弱，不堪一击，遇到挫折容易退缩和妥协。

4. 喜欢肩带式手提包的人

喜欢中型肩带式手提包的人，在性格上相对比较独立，但在言行举止等各方面却是相对传统和保守。他们有一定的自由空间，但不是特别大，交际圈子比较狭窄，朋友也不是很多。

5. 喜欢小巧精致的手提包的人

非常小巧精致，但不实用，装不了什么东西的手提包，一般来说，是年纪比较轻、涉世也不深、比较单纯的女孩子的最好选择。但如果已经过了这样的年纪，步入成年，非常成熟了，还热衷于这样的选择，说明这个人对生活的态度是非常积极而又乐观的，对未来生活充满了美好的期待。

6. 喜欢浓郁的民族风味手提包的人

比较喜欢具有浓郁的民族风味、地方特色的小提包的人，自主意识比较强，是个人主义者。他们个性突出，往往有着与别人截然不同的衣着打扮、思维方式等，有些时候表现得与他人格格不入，所以要营造良好的人际关系存在着一定的困难。

7. 喜欢超大型手提包的人

喜欢超大型手提包的人，性格多是那种自由自在、无拘无束的。他们很容易与他人建立某种特殊的关系，但关系建立以后，也会很容易破裂，这是由他们的性格所决定的，因为他们的生活态度太散漫，缺乏必要的责任感，显然他们自己感觉无所谓，却并不是其他所有人都能接受和容忍的。

8. 喜欢金属制手提包的人

喜欢金属制手提包的人，多是比较敏感的，能够很快跟上时代的脚步，他们对新鲜事物的接受能力是很强的。但这一类型的人，在很多时候自己并不肯轻易地付出，而总是希望别人能够付出。

9. 喜欢中性色系手提包的人

喜欢中性色系手提包的人，其表现欲望并不是很强烈，他们不希望被人注意，他们凡事多持得过且过的态度，比较懒散。在对待别人方面，也喜欢保持相对中立的立场。

10. 不习惯带手提包的人

不习惯带手提包的人，他们的性格要分两种情况来说：有可能是因为他们比较懒惰，觉得带一个包是一种负担，太麻烦了；还有一种可能是他们的自主意识比较强，希望能够独立，而手提包会在无形当中造成一些障碍。两种情况都是把手提包当成一种负担，可以表现出这种人的责任心并不是特别强，他们不希望对任何人、任何事负责任。

11. 喜欢男性化皮包的人

喜欢男性化皮包的人（这里理所当然是针对女性而言，因为男性本应该选择男性化皮包），一般来说这种类型的女性都是比较坚强、剽悍、能干的，并且趋于外向化。

提包里东西摆放得有序与否，也能为一个人的性格特点提供几分证据。

提包里的东西摆放得非常零散，没有一点规则，要找一件东西，需要把提包内的所有东西全部拿出来，这样的习惯可以看出他们的生活是杂乱无章的，奉行的是"无所谓"的随便态度。这一类型的人做事多比较随意，目的性也不是很明确，但对人通常都比较热情和亲切。可是由于他们的生活态度有些过于随便和无所谓，因此常常会使自己陷入比较难堪的境地。

提包内的各种东西摆放得层次分明，想要什么伸手就可以拿到，这说明提包的主人是很有原则性的人，他们大多具有很强的进取心，办事认真可靠，待人也很有礼貌。一般来说，这一类型的人有很强的自信心，组织能力突出。但缺点是他们大多比较严肃、呆板，会过多地拘泥于生活中的某些细节。

鞋子的偏好透露个性

鞋子，并不像人们所想象的那样，单纯地只起到保护脚的作用，这只是鞋子最基本的功能。观察他人的鞋子，除了能了解其审美观，还可以通过鞋子对一个人进行性格的观察。

1. 始终穿着自己最喜爱的一款鞋

始终穿着自己最喜爱的一款鞋子，这一双穿坏了，会再去买一双同样款式的，这样的人思想是相当独立的。他们知道自己喜欢什么，不喜欢什么，他们十分重视自己的感觉，不会过多地在意他人的态度。他们做事一般比较小心和谨慎，在经过仔细认真地考虑以后，要么不做，要做就会全身心地投入，把它做得很好。他们很重视感情，对自己的亲人、朋友、爱人的感情都是相当忠诚的，不会轻易背叛。

2. 喜欢穿没有鞋带的鞋子的人

喜欢穿没有鞋带的鞋子的人，并没有多少特别之处，穿着打扮和思想意识都和绝大多数人差不多。但他们比较传统和保守，中规中矩，追求整洁，表现欲望不强。

3. 喜欢穿细高跟鞋的人

穿细高跟鞋，脚在一定程度上是要受些折磨的，但爱美的女性是不会在意这些的。这样的女性，表现欲望很强，她们希望能引起他人和异性的注意。

4. 喜欢穿时髦鞋子的人

喜欢追着流行走、穿时髦鞋子的人，有一种观念，那就是只要是流行的，就全部是好的，但没有考虑到自身的条件是否与流行相符合，有点不切实际。这种人做事时常缺少周全的考虑，所以会顾此失彼。他们对新鲜事物的接受能力比较强，表现欲望和虚荣心也强。

5. 喜欢穿运动鞋的人

喜欢穿运动鞋说明这是一个对生活持积极乐观态度的人，他们为人较亲切和自然，生活规律性不强，比较随便。

6. 喜欢穿靴子的人

喜欢穿靴子的人，自信心并不是特别强，而靴子在一定程度上能为他们带来一些自信。另外，他们很有安全意识，懂得在适当的场合和时机将自己很好地掩蔽起来。

7. 喜欢穿拖鞋的人

喜欢穿拖鞋的人是轻松随意型人的最佳代表，他们只注重自己的感觉和感受，并不会为了别人而轻易地改变自己。他们很会享受生活，绝对不会苛刻地强求自己。

8. 喜欢穿远足靴的人

热衷于远足靴的人，会在工作上投入充足的时间和精力，他们有很强烈的危机感，并且时刻做好了准备，准备迎接一些可能突然发生的事情。他们有较强的挑战性和创新意识。敢于冒险，向自己不熟悉的未知领域挺进，并且有较强的自信，相信自己能够成功。

9. 喜欢穿露出脚趾的鞋子的人

喜欢穿露出脚趾的鞋子的人。这样的人多是外向型的，而且思想意识比较前卫，浑身上下充满了朝气和自由的味道。他们很乐于与人结交，并且能做到拿得起放得下，比较洒脱。

眼镜也是自我表现的道具

眼镜最初是为了矫正近视或保护眼睛而使用的工具，但今天它早已超出了其原本的使用意义，成了具有多种功能且很有装饰意义的大众用品。眼镜除了矫正视力、过滤阳光、挡风沙等使用价值外，有的人戴眼镜，就是为了美观或塑造某种气质。

框架眼镜普遍具有修饰脸型的作用，戴上眼镜的同时也就改变了自己原来的面貌，不同的样式对脸型的修饰作用也不一样，从中可以大致解读人们心目中期望的自己的形象。

通过观察戴不同款式眼镜的人，可以看出不同人的性格特点。

（1）戴无框眼镜的人，是尽量不改变原本面貌的人，也就是说对自己有相当程度的自信，很谨慎，不希望有大改变，也是有点胆小的人。

（2）戴金属框眼镜，这种方式虽然没办法让形象有很大的改变，但是能达到中庸的标准。男性戴金属框眼镜通常会显得更为成熟稳重，希望当别人看他们的时候，认为他们不仅斯文，还有着学者的风范。这种人喜欢追赶潮流，给人一种很现代的感觉。女性戴金属框眼镜也会显得更加知性。虽然女性戴眼镜有时会让人显得死板，但她们宁愿冒着给人留下死板印象的风险也要戴着眼镜，只因为她们觉得自己戴上眼镜之后看上去很知性，在她们看来，知性比女人味更重要，或者说知性是另一种别具风味的女人味。

（3）改变形象程度最高的是塑胶框眼镜，和使用其他镜框的人比起来，这样的人大胆而乐于改变，愿意尝试新鲜事物。

除了镜框的样式之外，不同形状的镜框也会给人不同的印象，镜框的形状同样能反映出"想呈现的自己"。一般来说，正圆形或方形眼镜很少，大多数都是在正方与正圆之间的过渡，而趋近于圆或方的程度正可以反映人的性格特点。

其一，戴椭圆形眼镜的人性格随和，不喜欢走极端，喜欢温和的风格，总是与他人的步调一致，从不会反对他人以贯彻自己的主张。也有人会因为面对不同的人而改变想法，不坚持自己的意见，很优柔寡断。不过也有可能是反对性情绪较重、自我主张强烈的人，因为讨厌这样的自己，所以戴上让人感觉柔和的眼镜。

机器猫漫画中的主人公"大雄"戴的眼镜镜框是正圆形的。"虽然功课不拿手、因为小差错而常常失败，但豁达开朗、人很好"，这种镜框的样式对他这样的角色非常适合。然而现实生活中很少看到会戴圆形眼镜的人，戴这种眼镜的人非常容易引起注意而且自以为是。因为对自身的独特性与原创性有强烈的感觉，所以喜好或价值观也会有所偏颇，对任何事都有他独到的见解，对人或事物有严格评断的倾向。

其二，对于戴方形眼镜的人而言，营造知性气质是非常重要的，对于知识性的事物怀有憧憬，是一本正经的内向性格。思考模式是以符合正统为基准，对事物看法倾向于"非黑即白"的二分法，容易被人形容成"一本正经""说一不二"。

淡妆浓抹有玄机

化妆是一门学问，出席不同的场合要配上不同的妆容，你是个爱化妆的女孩吗？或者你身边的女孩有谁喜欢化妆呢？你能透过不同的妆容看到她的内心吗？

1. 素面朝天

唐代诗人李白诗云："清水出芙蓉，天然去雕饰。"出自大自然之手的美往往会给人一种耳目一新的感觉。无论是工作还是社交娱乐都很少化妆的女性，一般来说对自己的容貌有相当的自信，或者不十分在意别人的看法。如果是后者，则属于性格很内向的人，人际交往的圈子很小。当然也有可能是因为她在其他方面的特质足以弥补外貌的不足，性格随和而朋友众多，大家都喜欢和她在一起，而化不化妆已经不重要了。这样的人更愿意相信，别人喜欢她是因为她这个人本身有吸引力，而不是因为脸蛋漂亮，从而和那些花枝招展但缺乏内涵的女性区别开来。

2. 轻描淡写

有的人喜欢淡妆。这样的人大多没有太强的表现欲望，希望最好谁也别发现她们。她们只要求能过得去，简单地涂抹一下，使自己不至于太难看就行。她们大都属于聪明和智慧的类型，不会将时间和精力耗费在梳妆台前，往往有着自己的理想，而且敢打敢拼，所以大多能获得成功。

3. 浓墨重彩

有的人则喜欢浓妆。与喜欢淡妆的人相反，这样的人表现欲望非常强烈。经常化妆的人通常都很在意别人对自己的看法，总是希望把自己最好的一面呈现给他人，尽量隐藏自己的缺点，提升自己的外在形象，在人前总是保持精致的妆容，因此就不能接受素面朝天地出门了。她们不辞辛苦地将各种化学药剂喷洒在自己的脸上，为的是用一种极端的方式吸引他人的目光，而异性的欣赏往往使她们心甜如蜜。前卫和开放是她们的思想特征，她们对一些大胆和偏激的行为保持赞赏的态度。她们真诚、热忱，一些恶意的指责并不会给她们造成多大的伤害，她们对他人依然会很尊重。

4. 略有侧重

有的人化妆时特别着意某一处。这样的人通常对自己有相当清楚的认识，对自己的优点和缺点知道得一清二楚，善于扬长避短。她们对自己充满了信心，坚信付出就会有回报，所以会脚踏实地地为自己的目标奋斗。她们讲究实际，注重现实，不会沉湎于虚无缥缈的幻想之中。她们遇事冷静沉着，对事情的判断坚决果断，但不能纵观全局的弱点往往使她们收获甚微。

口红显示女性的性格和职业

中国有句古话，"女人心，海底针"，这句话蕴含的意思非常简单，即女人的心理是很难猜测的。但是，近来心理学家通过投射方式发现，很多女性总会无意识地将自己的心理特征投射在自己的日常生活用品，尤其是一些化妆品上。

就拿口红来说，现在全世界有几乎一半的女性每天都会用口红。对那些习惯于每天用口红的女性来说，如果有一天忽然不让她们用口红了，她们就会感到如同没穿好衣服一样别扭。口红作为女性增添自己魅力的手段之一，其颜色种类可谓是五花八门，有红色、粉色、橙色，还有珍珠色、褐色、紫色等颜色之分。通过观察一个女性对口红颜色的喜好，往往就能知晓她的性格特征和职业。

1. 红色口红

红色会使女性的嘴唇显得更为突出。所以，如果一个女性喜欢红色的口红，则说明其性格外向、活泼好动、乐观、崇尚自由，具有独立的个性，她的社交能力非常强，对人真诚有礼，喜欢与人分享美好的事物，因而其人际关系处理得非常好，朋友很多。通常情况下，涂有这种口红的女性往往从事销售、公关或是美容、美发等职业。

2. 粉色口红

粉红是一种代表纯情和女性本色美的颜色。所以，很多女孩子和男孩第一次约会时最喜欢使用此种颜色的口红。通常情况下，如果一个女性喜欢使用此种颜色的口红，则说明其性格较为温柔、和善、思想较为单纯、富有同情心和爱心。但是她的心理承受能力较弱，在挫折和失败面前常常会表现出很委屈、很受伤的样子。她很信任爱情，对恋爱抱有很大的期待。虽然她平时表现得温柔贤淑，但一旦知道冒险的乐趣，很可能会做出大胆的决定。在与人交往时，她可能表面矜持，但内心火热，一旦你成了她的朋友，往往会得到她无微不至的关怀。一般来说，涂着这种颜色口红的女性往往从事教师、医生等职业。

3. 橙色口红

橙色往往能给人亲切、温柔、温馨的感觉。所以，喜欢这种颜色口红的女性，其性格较为稳重、和蔼，具有较强的自我控制能力和判断力，无论是对人还是对事，都有自己的观点和看法，从不会人云亦云。她们的口才较好，但不会强词夺理，喜欢以理服人，同时她们还具有较强的幽默感。在爱情方面，她们往往愿意为对方付出自己的一切，是典型的贤妻良母型女性，她们坚信"爱情的眼里容不得半粒沙子"，一旦恋人背叛了自己，她们极有可能会报复对方。不过，她们对朋友是非常坦荡和大度的，如果朋友不小心伤害了她们，她们往往会一笑而过，所以她们的人缘很是不错。通常情况下，涂着这种颜色口红的女性往往从事各种商业活动，多是一些店铺的老板或是大公司的高级职员。

4. 珍珠色口红

珍珠色是一种代表纯洁的颜色。喜欢珍珠色口红的女性，其性格文静、庄重，聪颖谨慎，心思细腻且喜欢追求完美。她们具有较强的个性，自我主张非常明确，从不掩饰自己的追求和欲望，喜欢自由地享受生活，一旦她们确定了自己的追求目标，就会全力以赴，从不会在乎别人的眼光。在爱情方面，她们不喜欢受到对方的约束，要求对方尊重自己的个人空间。在与人交往时，她们不喜欢别人干预自己的事情，同时也不会干预对方的事。通常情况下，涂着这种颜色口红的女性往往是一些自由职业者。

5. 紫色口红

紫色是一种代表高贵和典雅的颜色。喜欢紫色口红的女性，其性格较为外向，具有较强的表现欲望和优越感，虽然喜欢在别人面前展示自己的魅力，但从不虚伪。有些时候，她们很爱幻想，喜欢追求不平凡的生活方式。在与人交往时，她们往往会给人，尤其是给男性，一种高高在上、难以接近，不易被诱惑的感觉，但她们恰恰具有让男性痴迷的不可思议的魅力和个性。通常情况下，涂着这种颜色口红的女性往往从事音乐、艺术等行业。

发型：女人最直观的形体语言

发型作为形体语言中最易辨别、最具操作性的部分，全面而完整地体现了女人的内心世界，包括行为方式、个人经历、生活状态、性格和情绪等。

一般而言，长发的女人偏爱回忆，习惯于静态思维，行为被动，容易放弃自我，做事仔细，性别意识较强；短发者追寻新鲜感，注意力分散，情绪更易改变，处世主动，我行我素，较为粗线条，性别意识淡薄。长发者较依赖别人，留恋过去；短发者相对较独立，面向未来。

另外，长发齐整表示温顺，长发剪出层次表示野性与不羁，长发自然下垂则表示混沌未觉。短发女性化表示压抑的心态，但能够客观地审视自身在现实中的位置；短发男性化则表示心里的叛逆与躁动，以致无法平衡内心的冲突。超过腰际的特长发型与短发男性化者都存有深度的人格障碍，她们将潜存于长发和短发文化背景中的不良倾向加以巩固和强化，甚至走向极端。然而，中等长发者则不那么自私地、过多地考虑自身利益，她们用公众意念约束自己，不因个人化的因素影响交流，故中等长发者有更多的朋友。

通常，女性头发披散开来表示乐观热情、恣意放任；编发表示向往早年经历，想回复原初；挽发表示遭受挫折，心情沮丧；夹发表示暂作保留等待时日；拢发表示有所收敛，期望突破；盘发表示强调女性身份，期待唤起别人（主要是异性）的注意。

另外，女性烫发表示快乐，头发拉直表示热烈，局部烫发则表示在局部范围内获得愉悦。女性头发为本色则表示接受现实，染色表示浮躁与张扬，局部染色表示弱化了的或部分弱化了的染色含义。发梢齐整表示驯服温顺，发梢参差则表示野性不羁，发梢卷翘表示不受约束的纯粹状态。前额置有刘海表示留恋现在，执意维护现状，尤其是用发胶将刘海翻起定型者角色意识强烈，着意强调个人的社会身份。前额刘海往后箍住表示心胸开阔、思绪烂漫，两颊缀饰头发表示易于突发奇想，将头发前置则表示活泼好动与愉悦。

第十三章

生理基础导致心理区别
——解密男女差别

身体微反应也男女有别

男性与女性除了在生理上存在巨大差异外，在文化、心理上也存在很大差异。语言学家们在研究体语的文化背景时，对男性与女性在体语上由于性别的不同而导致的差异进行了大量研究，结果发现，男女之间的身体微反应存在很大差别。

就笑而言，男性和女性都会笑，但其具体含义存在较大差异。一般来说，男性的笑多半是心情愉快的反映，而女性的笑在很多时候并不和心情愉快沾边。难怪马尔科姆会说"微笑往往是女性的一种缓和方式，也即请不要对我无礼和粗暴"。的确，很多时候微笑似乎成了女性角色不可或缺的一部分，大多数女性在舞会、宴会或是其他高级场所中，往往以微笑来体现自己的教养。在这种场合中，女性的微笑并不代表着快乐，而是因为微笑才是最适合这种场合的。所以，女性的微笑并非一定反映了愉快或肯定的情感，某些时候它可能恰恰反映的是一种不悦或否定的情感，如为了博得某人的好感而不得不对其微笑。当然，男性的微笑也可能存在此种情况，只不过在女性身上体现得更明显罢了。

哭也一样，男性和女性在宣泄情感时往往会号啕大哭，但有些时候女性在没有值得哭的情况下，也能大哭一场，而男性则一般不会为不值得哭的东西掉一滴眼泪，因为他们信奉"男儿有泪不轻弹"，这也同行为学家的调查结果不谋而合。美国行为学家奥斯曼调查发现，男性平均3个月哭一次，而女性则平均每月就要哭泣 3 次。此外，他还发现，男性在哭泣的过程中可戛然而止，而女性不能，她们结束自己的哭泣最快也得耗时 1 分钟。

在个体空间方面，男性一般都愿与他人保持较近的距离，以便双方进行友好的交流。与之相反，女性需要的个体空间要比男性大一些，她们喜欢与人保持一定的距离，以求得心理安全。如在聚会上，我们会经常看见女性，尤其是单身的女性往往"形单影孤"，而单身的男性则"如鱼得水"。

在掩饰紧张情绪的方法上，女性使用的手段比男性使用的手段更具隐蔽性。如当男性在掩饰自己的紧张情绪时，往往会用一只手去调整表带、看看钱包里的东西、搓搓双手、玩玩另一衣袖上的纽扣，或是其他一些可以让胳膊从身体前面伸过去的姿势。女性掩饰自己紧张情绪的方法则没有男性那么明显，她们往往是双手拿一杯葡萄酒，抓手提袋或钱袋。相比于男性掩饰自己紧张的方法，女性的这些方法当然更能迷惑人了。

一般来说，下列身体微反应是女性特有的：笑时用手捂着嘴；走路时扭动屁股或腰肢；把手提袋之类的东西常挂在手腕上；把包之类的东西抱在胸前；喜欢对着镜子打扮等。如果男性沾染上了这些本属于女性特有的身体微反应中的数项，就会被认为太过"女人气"，因为这背离了体语的性别差异原则，而混淆了性别差异，必然会引起异性或同性的厌恶。这也就告诉我们，要想很好地与人交流，就得正确解读体语，同时还要注意体语的性别差异。

为什么漂亮女性却没有机会

一本书上讲了这样一则故事：

某个周末，年轻、漂亮的露丝和朋友珍妮一起去参加一个舞会。舞会开始后，露丝高傲、冷漠地站在舞池旁边，就像童话中的白雪公主一样不可接近。与之相反，相貌普通、身材胖胖的珍妮满脸微笑地站在露丝旁边。很快，便有男性陆续朝她们俩走来。这让露丝激动不已，因为她很想在舞池中"露一手"。所以看见迎面走来的男性后，她认为这些男性肯定是来邀请她共舞一曲的。令她失望的是，那些先后走到她身旁的男性不约而同地把他们的手伸向了旁边的珍妮。这让露丝恼怒万分，但碍于场合，她强压住了自己心中的羞愧和怒火。与此同时，露丝脸上的表情显得更为严肃、高傲、冷酷。直至舞会结束，邀请珍妮的男性络绎不绝，但没有一位男性向露丝伸出邀请之手。

为什么年轻、漂亮的露丝在舞会上没有得到一位男性的邀请，而相貌普通、身材较胖的珍妮却一次次得到男性的邀请呢？正所谓"爱美之心，人皆有之"，难道那天晚上参加晚会的男性都对年轻、漂亮的女性不感兴趣？答案是否定的。珍妮之所以会频频得到男性的邀请，关键就在于她用自己的姿态——微笑，准确无误地向那些"舞林高手"传达了"我很喜欢跳舞，你们放心邀请我吧，来者不拒"的信号。如此一来，珍妮用自己的微笑冲破了舞会中很多男性心中的犹豫和顾虑，同时，它也让他们感到在她身旁很愉快，充满了信心。与之相反，年轻、漂亮的露丝内心虽然也万分渴望自己被异性所邀请，令人遗憾的是，她用自己的身体微反应——严肃、高傲、冷酷的表情，向那些企图邀请他共舞一曲的异性发出了"你最好安静地走开，我可不想和任何人跳舞，如果你坚持要和我跳舞，那只能会让你自讨没趣"的信号。面对这样的"警讯"，当然没有哪个小伙子愿去冒碰壁之险。

不可否认，很多时候，相比容貌普通的女性，漂亮女性更能吸引男性的目光，但这绝不意味着一定要十分漂亮才能吸引男性的目光。行为学家研究发现，一个女性能否吸引男性的眼光很大程度上取决于她是否能主动向男性传递信号，以示邀请。这就是一些相貌十分普通的女性，身边却从来不缺乏追求者的原因。因而，心理学家得出，男性对那些主动向自己发出邀请信号的女性的兴趣比那些相貌出众的女性要大得多。

从很大程度上来说，一个人的容貌是天生的，虽然通过一些美容手段可以让一个相貌普通的女性变成男性眼中的"万人迷"，但其成本和代价却是相当大的，更为重要的是，一些美容手段还具有相当大的风险性。不过，这个消息可能会令很多女性感到兴奋，即一个女性主动向男性发出邀请信号并不是天生的，而是后天练习和学习得来的。所以，一个女性能否获得男性的喜爱，天生的漂亮容貌固然会让她比其他女性占有一定的优势，但更为重要的是，她能否主动向男性发出邀请信号。

首先，必须懂得身体微反应。如果一个人不懂得身体微反应，这极有可能会导致她把肯定的意思表达为否定的意思，把否定的意思表达为肯定的意思。比如，某个人心里非常生气，虽然她尽量控制自己心里的怒火，但在与对方说话时，她咬牙切齿地对别人说道："没事的，我不会生气的，你就放心吧！"面对这样的情况，如果你不了解或不懂得她发出这些语言信号的真实含义，还在理所当然地认为对方真的没有生自己的气，这是非常可笑和荒唐的。

其次，必须懂得如何让身体微反应发出的信号对别人产生作用。身体微反应是一门非常深奥的学问，很多时候，它更需要我们用心去体会，用行动去诠释。要想成功做到这一点，我们每个人，尤其是那些年轻、貌美、心高气傲的女性，必须懂得如何把披着美丽外衣、至今掩饰着的真正的"我"明白无误地表现出来。如此一来，我们不仅能让自己变得平易近人，还能把自己从自我划定的小圈子中解放出来。

男人的迟钝与女人的误解

公司酒会上，文斯看见一位气质不俗的女性。而她也刚好看见了他，并且报以一个甜美的微笑。文斯觉得这是某种邀请的信号，于是立马走过去搭讪，结果对方很冷淡。两人的谈话不欢而散，文斯不解地问同事："她展示了那么迷人的微笑，却不愿意和我说话。是我的谈吐不够有吸引力吗？"

文斯的疑问也是很多男性在两性关系上的疑问，他们似乎觉得异性给了他们一些暗示，末了却又拒绝了他们。事实上，他们可能从一开始就误解了女性。

两性的接触中，如果目的是为了寻觅交往对象，那么传递爱的信号以及破解对方的信号就成了很重要的能力。而男性在这一方面具有明显的弱势。女性遇到心仪的对象时，会透过微妙的肢体语言信号向他示意。但通常情况下，男性却缺乏识别这些信号的能力，以至于经常有女性抱怨对方"笨得像一块木头"。

很多时候，男性都会觉得女性发出的求爱的身体微反应信号非常难懂。事实也的确如此，一份研究表明，男性常会把女性表示友好的信号和女性的微笑误认为是对他们感兴趣或是发出了求爱信号，但实际上并非如此。男性为什么会经常误解或是很难准确理解女性发出的身体微反应信号呢？心理学家通过研究发现，这主要是因为男性比女性更容易联想到性，男性睾丸激素是女性性激素的 10 ～ 20 倍。

当一名女性对一名男性说"不"的时候，她真正的意思可能是"大概可以吧"；当她说"可能"的时候，她真正的意思可能是"没问题"。女性不仅在有声语言表情达意时具有难以捉摸性，她们在利用身体微反应表情达意时，也具有难以确定性。这常常让很多男性头痛不已，因为他们不知道对方究竟是要表达否定的意思，还是要表达肯定的意思。

有趣的是，很多男性常常在求爱的过程中把女方表达的否定意思理解为肯定的，把肯定的意思理解为否定的。比如，某位男士在和女友约会四五次后，决定在这次的约会中一定要亲吻女友，于是，他故意把约会的地点选在了公园里人少且比较阴暗的地方。和女友散了一会儿步后，他难以克制自己心头的冲动，便侧头看了看身旁的女友，发现她正两腕交叉跟他并肩走着。碰巧的是，女友两腕交叉的动作，使她的胸部显得更加丰满和性感，这就让他更加激动。于是，他决定把起初的"计划"付诸行动。令他失望的是，当女友看见他的拥抱亲吻动作后，义正词严地拒绝了他，这让他感到狼狈万分。

这位男士之所以会自讨没趣，关键就在于他没有读懂女友双腕交叉的真实含义。因为女友对于他突如其来的拥抱，并没有感到"心潮澎湃"而将交叉的双腕解开。这就表明，女友将双腕交叉并不是为了向他展示自己胸部的丰满和性感，而是在告诉男友"现在你还不能拥抱、亲吻我"。而男友不理解她的这一意思，相反却误认为女友的这一姿势是在鼓励自己行动，这当然会让他的"计划"破产了。当然，这位男士的误解也不无理由。因为在现实生活中，的确有一些女性想方设法让自己的胸部变得丰满和性感，以引起男性对自己的注意，而两腕交叉正是不少女性惯用的姿势之一。

一般来说，当女性遇见自己"中意"的男士后，她们往往就会向对方发出一些微妙、模棱两可的求爱信号。不过，令人遗憾的是，同上面故事中的那位男士一样，很多男性可能会误解她们发出的求爱信号，而做出错误的"回答"。这也是不少女性较难获得男性青睐，或是错失自己"白马王子"的原因。因为她们发出的信号常使对方感到迷惑不解，以至于男性不会采取进一步的行动。

此外，男性常常把女性的抚摸当作是"性趣"的暗示，很多男性感到困惑，在与异性的交往中，女性似乎对他们发出了暧昧的信号，却又拒绝进一步的接触。这不仅仅是因为传统的贞操观念，而且极有可能是她确实还没有跟对方发生肉体关系的欲望，也就是说女性的亲密接触不代表性欲。

朋友给玲玲介绍了一个男朋友，两人相处了一段时间也十分愉快。几个月的时间里，两人的身体接触也越来越多，玲玲喜欢赖在男友的怀抱里，也喜欢男友动情地抚摸。可是当男友提出进一步的要求时却遭到了干脆的拒绝，男友十分不解：都已经这样亲密了，为什么还是不能接受呢？

女性有时候比男性更爱身体接触，她们喜欢这种接触所带来的心理上的安慰。这可能让她想起幼年时父亲的拥抱或者母亲的爱抚，这样的感觉让她感到心安，由此更会产生心理上的亲近感。所以，当女性亲密地挽着男性的手，或触碰对方的身体时，只能说明她对男性的心理距离已大大缩短。而男性的轻微碰触没有得到拒绝，说明在她的内心已经认可，但这些亲密接触依旧不代表性欲。

而女性在心理上接受了与男人的亲密关系，就会渴望对方表现出一些亲密行为，如牵手、揽肩、抚摸头发、依偎、拥抱等。但她依然会很谨慎地把握身体接触的分寸，并且她清楚自己想要什么，她渴望的是一种可靠、安全和温暖，这种感觉对于女性来说比"性"更重要，也更能让她满足。

女性偶尔也会成为误解者，她们虽然精于理解身体微反应，但容易误解男性裆部调整动作的含义。

一般情况下，男性不会在公众场合做出这些动作，比如，在没有任何预兆的情况下将手伸向裆部，拉拉裤子或是挠几下。有时在女性面前，男性会下意识地做出这些动作。这些动作与我们曾经在前面探讨过的男性示威姿势有着相似的含义，它们都是为了突出男性器官部位，以此显示自己的男子汉魅力。他们可能自己没有意识到自己做出了这些会被女性视为不雅的动作，所以会很不解为什么刚刚还谈笑风生的对象突然间就露出了不满的表情。

当夏娃遇见亚当

正所谓"同性相斥，异性相吸"，当两个异性互相接近时，其身体都会发生一系列的生理变化。心理学家阿伯特·谢夫伦的试验也证明了这一点。

通常情况下，在遇到异性时，为了准备一次可能发生的交往，双方身体血液的流速会加快，脸和脖子会发热，脸部和眼部周围水肿的肌肉会大大减少，身体的很多肌肉也会凸起和绷紧，整个人显得精神抖擞，神采奕奕。

　　如果是一位大腹便便的男士，那么他会自动收缩肚子，挺起胸膛，并尽可能地显露出更多的肌肉来，以显示自己的男子汉气概，吸引异性的目光；如果是一位女士，那么她会不由自主地挺起自己的胸部，同时提起自己的臀部，以展示自己的女性魅力，吸引异性的注意力。

　　如果你想观察这些变化，一般来说，海滩或游泳馆是最佳场所。因为在这些地方人们普遍都会穿得很少，这十分有利于观察他们身体肌肉的变化，以及抬头、挺胸、收腹等动作。通常情况下，当一个男性和一个女性面对面逐渐靠近时，上述这些生理变化和一些肢体动作就会渐渐显露出来。而当他们彼此走过之后，双方的身体就会迅速恢复到各自原来的状态。

　　人类学家通过研究发现，人类的求爱过程可以大致分为 5 个阶段。

1. 第一阶段：眼神交流

　　当一位女士在某个场合中发现了一个令自己心动的男士后，她会做出一些动作来吸引对方注意自己。一般来说，她会寻找机会和他对视 5 秒钟左右，然后迅速把头扭向一边，期待该男士发现自己在注意他。当该男士发现这位女士在注意自己后，他会不停地张望着对方，直到她再一次注视他。通常，女性如果想要自己心仪的男士了解自己的心思，她需要和男性这样对视 3 次。当然在某些人身上，这种互相凝视的过程有时需要重复 3 次以上，这也是男女调情的第一个步骤。

2. 第二阶段：微笑

　　当一位女士和自己心仪的男士进行眼神交流之后，她会向他报以一个或数个快速的微笑。这是一种并不完整的微笑，其目的是为了给他开"绿灯"，暗示他可以上前与她攀谈，以便双方可以进一步了解对方。令人遗憾的是，很多男士并不懂得女士向他们报以一个或数个快速微笑的真实含义，所以往往不会对女士发出的信号做出回应。这就会使很多女性认为对方对自己并没有好感或是兴趣。

3. 第三阶段：整理打扮自己

如果这位女士是坐着的，她就会坐得笔直，头微微上扬，以突出自己的胸部，同时把双手或双腿交叉，以增添自己的女性魅力；如果她是站立着的，就会将双腿紧紧靠在一起，翘起自己的臀部，脑袋稍微向一边肩膀倾斜，露出脖子。她会玩弄自己的头发长达 6 秒钟——就好像是在为自己中意的男人梳妆打扮自己。此外，她还可能做出舔拭嘴唇、轻弹头发、摆弄首饰等动作。男士则会站得笔直，挺胸收腹，当然，他也可能会做出整理衣服、抚摸头发以及把大拇指塞进裤兜里等动作姿势。他们双方都会把脚和整个身体指向对方。

4. 第四阶段：交谈

在双方进行眼神交流、微笑，以及整理打扮后，他就会大胆、主动地向她走去，以便双方进一步交谈。一般来说，他会使用这些老掉牙的开场白，如"你真漂亮""我一定在什么地方见过你""你真像我的一个朋友"等。

5. 第五阶段：触碰

当她和他交流后，如果很欣赏对方，她就会寻找一些机会来轻轻触碰对方，可能是"不小心"碰到，也可能是其他情况。无论哪种情况，其最终目的是向对方发出进一步接触的暗示。一般来说，相比于触碰对方的手，触碰对方的肩则又前进了一步。通常，每个阶段的触碰都会重复几下，从而确定对方是否注意到或者喜欢自己这样的触碰，也让对方知道这样的"触碰"不是偶然的，而是自己刻意为之。轻轻地掸拂或者触碰男性的肩膀会让他觉得该女性是在关心他的健康和外表。握手则是一种进入触碰阶段的快捷方法。

表面看来，这 5 个求爱阶段有点无足轻重，甚至带有不少偶然成分，但它们在每一段新的恋情中都起着非常重要的作用。有趣的是，这也是大多数人，尤其是男性感到困惑的阶段。

约会时，女性的沉默代表什么

男女两性在身体微反应上的差别使得彼此之间时常会产生误解和矛盾，恋爱中的男女，往往不会直接表达自己的想法，更多地是运用身体微反应。男性是否能够正确地解读女性的心理，对于恋爱的成败起着不可忽视的作用。其实女性会以各种方式发出暗示，是否能发现并正确解读，是让两人关系更深入或更疏远的关键。所以，不妨来思考一下约会中女性会出现的各种暗示。

约会中女性的身体微反应，有些是自觉的行动，有些是下意识的动作。在对方看不出暗示或是解读错误时，如果那些暗示只是女性下意识的行为，他们可能只会感到"怎么都不合我意"而已；如果那是女性刻意释放的暗示，对方就会被认为是不解风情、不懂女孩子心意的迟钝男人，可能一下子就破坏了两人的关系。

如果她做出下列动作，多半是暗示"我想回去了"：

（1）听你说话没什么反应，只是敷衍地做出象征性的回答；

（2）手部或肩膀紧绷着，很僵硬；

（3）与你视线交流的次数越来越少；

（4）拿起手机玩了起来或不停地看时间；

（5）刻意和你保持一段距离；

（6）双手交叉在胸前；

如果她有如下的表现，则表示她对你感兴趣，想多聊一会儿：

（1）积极回应你的话并接二连三提出新话题；

（2）你说话时看着你，并且点头同意或随声附和；

（3）朝你这边探出身子。

当然，以上列出的是解读暗示的参考，最好是充分考虑交情的深浅、女方的性格之后再解读。

从约会的动作判断女孩的心理信息

情人的约会是浪漫的、甜蜜的。约会不一定需要烛光晚餐，花前月下，而只要两个人心心相印，情投意合。

你和恋人在周末的夜晚坐在环境雅致、音乐舒缓、富有浪漫气息的咖啡厅里，此时，对面女友的动作将透露出她心底的某种信息。

如果在你们的交谈中，你的女友不停地更换脚的姿势，说明她此时正心浮气躁、寂寞难耐，心中有情绪需要宣泄。

如果她在用手摆弄头发，那么有两种情况：一是她在轻轻地抚摸头发，这是她心底渴望你用温柔的言语体恤她的意思；二是她用力地拨弄头发，这是她觉得受到压抑或对某事感到后悔。

如果你的女友总是在拉扯自己的裙子，很在意裙子的长短和覆盖面，这是她自我防卫心理的显示。她十分在意自己衣冠不整的模样，所以严阵以待。

如果你的女友正含情脉脉地注视着你，那么她一定爱你很深。她很用心地听你讲话，眼神和你交汇时也不岔开视线，一切都说明她正全心全意地爱着你。

如果她总是在用手抚摸自己的脸颊，那么这是她想要掩饰自己的感情或不愿泄露自己真实本意而在无意中表现出来的动作。你们相处一定不久，或许还没进行表白。

如果女孩托着腮帮听你讲话，是一种渴望被认同、被了解的感情流露。其实她并不是在认真地听你讲话，而是在对你的迟钝和不解风情做无言的抗议。

如果女友用一只手捂着嘴巴，静静地听你畅谈，那么这说明她正在控制自己按捺不住的喜悦之情。她太喜欢你了，所以正在尽力掩饰自己内心的激动，认定你就是她的白马王子。

如果她常用手摸鼻子或脸颊、耳朵，这是表示她有些紧张，力图掩饰自己，害怕脸颊泄露自己的秘密。她正处于恋爱初期，恋爱使她更加认识到自身的价值，另一方面，她也想让自己不要脸颊绯红或不由自主地含情脉脉，以免让你以为她已经决定非你莫嫁。

从坐姿透视女性性格

女性对自身或者他人的身体微反应都有很强的感知力，她们会根据不同的场合选择合适的坐姿。观察她们最经常使用的坐姿，也能从中透视出一些性格来。

1. 双脚并拢，斜倾于一个固定方向

这是淑女必学的姿势，能让你整个人显得更加温柔娴静。不过经常刻意保持这种坐姿的人属于自视甚高的类型，无论在工作上还是爱情上，都对自己有着近乎苛刻的标准：工作上竭尽所能，尽量做得比别人更好；生活中，要求另一半要有高雅出众的谈吐、卓尔不群的品性、有型有派的仪表。

2. 膝盖并拢，脚尖相对而放

经常保持这样的姿势透露出你内心的拘谨和含蓄。这类人不适应社交场合，时常会出现手足无措、张口结舌的窘态。并拢的膝盖和朝向内的脚尖都呈现了封闭性姿势的特点，长期保持这样的坐姿也会让你的心扉更不容易打开。

3. 膝盖靠拢，膝盖以下叉开

经常保持这种坐姿的女性通常率性而没有心机，但这样的坐姿显得不够有女人味，甚至有几分幼稚，会让人觉得你不够成熟和缺乏担当力。所以在正式场合，你最好要改变这种坐姿。

4. 跷着二郎腿

这里有跷左脚和右脚的区别，与你的左右大脑相联系，反映出你是偏重于情感还是偏重于理性。跷右脚的女性比较内向而保守，凡事考虑周全才能下决断，面对爱情更愿意等待而非争取；而跷左脚的女性，个性中则富有冒险精神，敢为人先，无论是工作还是爱情，都试图掌握主导权。

利用逛街摸清他重视你的程度

和恋人逛街是一件让人愉快的事。无论你们手拉手、肩并肩，还是一起吃东西、一起和商贩砍价，都会感受到和对方心灵相通的默契，这种感觉美妙无比！

你和他去逛街时，你们的位置关系如何呢？很多人也许没有意识到此事，你和他一起走路时的位置，在不知不觉中已成为固定形态。那么他对你的感情到底如何呢？

1. 喜欢走在前面的人

他喜欢走在前面，那么对于他而言，女性、工作都只是为达到晋升目的的手段罢了。如果有可能，他会不惜选择"政治婚姻"。他是个典型的大男子主义者，也希望恋爱中你能更多地依赖于他，女性只是他生活中的一件摆设。

2. 喜欢走在你后面的人

如果他走在你的后面，表明他很重视恋爱，不过，他不会因你而放弃名誉和地位。

恋爱中的他，虽口口声声说"你比工作重要""你是我生命中最重要的一部分"，但是婚后的他，会逐渐变成一个工作狂，工作变得比爱情更重要了。

3. 与你并排走的人

如果你们两人紧紧并排走的概率特别多，恭喜你，你在他的生活中是第一位的。总之，他不能没有你，他把你看得比什么都重要。

婚后的他，凡事都会以家庭为重，如果你反对，他会听从你的意见而放弃晋升更高的职位。换而言之，他的晋升与否掌握在你的手中。

你们两人虽并排走，但彼此间稍有距离的话，说明工作和恋爱对他来说，是同等重要的，他认为男性和女性是平等的。所以，凡事他都会征求你的看法而做出决定。

不过，他稍微有点优柔寡断，这个性格或许是个缺憾，既希望出人头地，又希望获得爱情的他，两头落空的概率极大。

从他等你的姿态看他对你的态度

女孩子"测试"恋人对自己的态度最常用的伎俩就是约会迟到，通过男孩等她们的神态、姿势和动作，她们就可以看出男孩对爱情的态度。

你可以在与他进行某次约会时故意迟到一会儿，躲在一旁观看他等你时的表现。具体来说，如果他提前很久（20分钟左右）在你们约好的地点等你，到约定的时间后，却没看见你的踪影，此时，他脸上露出了焦急、不安的神情，并不停地在那儿走来走去。他的这些神情、动作表现了他内心的焦虑、担心，他极有可能会想你可能遇到了什么紧急事情，或是出了什么意外。但是随着你的出现，他脸上不安的神情顿时消失得无影无踪。这就说明，他很在乎你，并能真正理解、相信、原谅你迟到的理由（当然，你这次的理由是编造的）。能找到这样的男朋友，你是非常幸福的，应该好好珍惜他。

如果他在你们约定的时间准时到达了约会地点，但他发现你没有到达，于是他把胳膊交叉抱于胸前。此时，他极有可能想"我今天就要看看你什么时候才到，真是讨厌，居然还要我等"，当你出现后，他要么是对你大发牢骚，要么就是横眉冷对。这就表明，他在和你赌气。在他内心深处，他在两人关系中占支配地位，但碍于当前关系，他又不好明说。当然，他有这种想法或念头并不意味着他不爱你，但可以肯定地说，他最爱的不是你，而是他自己。

如果他在等你的过程中，用一只手紧握另一只手，则说明他在努力控制自己的情绪，虽然他此时心里可能是怒火万丈，但他绝不会将怒火烧到你身上。一旦你出现后，他心中的怒火便会悄然熄灭，因为在他心中，你是最值得他好好珍惜的人，他体谅你是天经地义的事。

如果他在等你的时候，把手插在自己的衣袋或是裤带之中，并在那儿悠闲地走来走去，则说明他此刻正在享受等你的感觉，他也相信你不会迟到太久。他虽然是一个守时，并讨厌别人迟到的人，但出于对你的爱，他会为你开"绿灯"。所以，面对姗姗来迟的你，他依然会笑脸相迎。

如果他在等你的时候紧闭着嘴，满脸怒色，并且紧紧抱住胳膊，这是一种强硬的表示拒绝的动作姿势。当你出现后，不管你如何解释，他依然满面怒色，对你不理不睬。这种情况下，你最为明智的做法是尽快结束和他的这次约会。

当然，以上情况并不是判定一个男孩对某位女孩是否真心的金科玉律。在某些男孩身上，虽然可能出现了上述某些动作、神情，但这并不意味着他一定很喜欢或者讨厌她。

第十四章

你就是测谎大师
——解密说谎反应

谎言的四张面孔

前面已经对谎言有了初步的认识，在这一节里让我们更进一步地认识谎言，揭开谎言的4张面孔。

1. 第一张面孔：无恶意的谎言

在社会交往中，无恶意的谎言可以避免人们用冷酷、严峻、痛苦的事实在情感上互相伤害和侮辱。这一类谎言在我们的日常生活中被广泛运用，最常用的一些场面话，就是典型的无恶意的谎言。

比如说，你应邀参加一次聚会，但你感觉索然无味，因而打算提早告辞。此时你是实话实说"跟这些无聊的客人在一起真令人厌烦，我要马上离开"，还是撒个无恶意的谎言"公务缠身，不得不提前离开，实在抱歉"呢？

在刚开始投入一份新的工作时，老板问起感觉如何，我们多半会笑笑说"还不错"。当时说什么也不会告诉他压力很大，或是"真担心无法胜任"之类的实在话。

这些谎言，可以说是社交活动的润滑剂，本身没有任何害处，不会有任何人因为这些话的不真实而蒙受损失，相反它避免了人际交往中的尴尬。

虽然这些谎言多少夹带一点私心，为了保护自己的利益，我们隐瞒或夸大了某些信息，但并不会对他人造成损害。无恶意的谎言是我们日常生活中最常见的一类谎言。

2.第二张面孔：有益的谎言

一个典型的例子是，医生面对身患重症的病人，通常只会将实情告知病人家属，而对病人本人守口如瓶，病人家属也会对病人百般隐瞒甚至欺骗。虽然医生在某种程度上侵犯了病人的知情权，但是这些谎言可以让病人保持乐观的心态，支持他们努力活下去。

人类虽然具有理性思维，但人类的行为在很大程度上是由情绪控制的，真相往往残酷而难以接受，会对精神造成很大的刺激，或者至少是心存不快，因此恰当的谎言在很多时候对人对事都是有益的。

3. 第三张面孔：恶意的谎言

恶意的谎言是专门误导、陷害别人的，它体现了人性中阴暗、自私的一面。恶意的谎言最恶劣且最危险，这类说谎者往往从个人利益出发，故意伤害对方或占别人便宜，或为了报复，或为了从中受益。例如，一些行业竞争者之间会传播恶意的谎言，毁坏对手的品德和名声；再如，女孩子会在心上人面前说别的女孩的坏话，编造一些无中生有的故事，破坏其他女孩在心上人心中的好形象。

4. 第四张面孔：娱乐性的谎言

相信不少人都有在愚人节那天被朋友戏弄的难忘经历，愚人节的谎言就是典型的娱乐性的谎言，纯属娱乐，并无恶意，只是为了寻开心。

识别谎话大王

虽说人人都会说谎，没有一个人敢声称自己是绝对清白的，但人们说谎的频率确实有所差别，的确有那么一些人，是可信度极低的谎话大王，这些人正是我们平时最需要提防的人，对于他们所说的话一定要持"批判主义的精神"，当然，你也可以把他们当作你练习识破谎言技巧的最佳素材。

心理学家为我们总结出了最爱说谎的四种人。

1. 虚荣心重的人

生活中的很多谎言都是因为面子问题而产生的。虚荣心重的人最看重面子，这类人十分在乎他人对自己的评价，喜欢得到关注和赞美，不愿意别人看低自己，因为他们太注重外在的东西，而对个人的素质与气质疏于培养，但又渴望得到别人的喝彩，于是，他们凭内在的实力无法达到这种目的时，撒谎便成了他们最容易使用的手段。这类人常常在不熟悉的朋友面前编造一些美好的谎言，例如，自己的家庭背景有多好，身上戴的首饰值多少钱，甚至自己是哪所名牌大学毕业的。当然，这些谎言仅仅是为了满足个人的虚荣心，如果你识破了也大可不必揭穿它。

2. 自卑感强的人

严重自卑的人通常敏感而脆弱，既能敏锐地感受到自己许多不如别人的地方，同时，又极易把周围一切人对自己的注意——哪怕是关心和帮助，看成是对自己的怜悯。因此他们需要一些谎言来安慰自己，或者借助谎言来逃避，在别人面前树立完美的形象，以谎言为武器来调整自己在他人心目中的位置和形象，用谎言来安慰、麻痹自己，在幻想中获得满足感和认同感。

3. 过分争强好胜的人

争强好胜在一定程度上可以说是一种有益的品质，说明一个人积极进取、不甘落于人后，这样的人也更容易在事业上有较大的成就和作为。但任何事情都有个限度，超过这个限度便走向它的反面。要强也是如此，事事要强，时时要强，总想高出别人一头，这作为一种理想是很不错的，但如果把它落实在生活中，则太困难了。过分好强的人活得很累，他们事事都想出类拔萃，对自己要求很高，而一旦失败或遭遇挫折，往往没有勇气面对，只能用谎言编织理由为自己寻找退路，维护面子和自尊，虚构成功的情景，蒙骗他人或欺骗自己。

4. 过分以自我为中心的人

趋利避害是人的本性，我们每个人在思考问题、处理事情时，都不免会以自我为中心，首先考虑保全自己的利益。但这种以自我为中心的心理应有个限度。如果没有损害他人的生活，大家自可相安无事。但如果一个人以自我为中心的心理严重到过分的地步，在与他人发生利益冲突的时候，只考虑自己的利益，损人利己的谎言也就随之而来。

身体微反应如何泄露谎言

可能很多人都会认为说谎是一件很容易的事，其实并不是这样。说谎，尤其是想成功地说一次谎，是一件非常困难的事。为什么说谎就这么困难呢？主要原因在于当一个人撒谎时，他的潜意识不会听从他的"指挥"，而会独自行动，如此一来，身体微反应就会使他的谎言不攻自破。这就是为什么那些平常很少说谎的人，一旦说谎，无论其谎言多么完美，显得多么真实可信，都会很容易被对方识破。因为从他开始说谎的那一刻起，他的身体就会发出一些自相矛盾的信号——身体微反应和有声语言处于相互矛盾的状态之中，这就会让对方觉得他一定在撒谎。而那些职业说谎家，比如，某些骗子，他们之所以说谎时不容易被别人识穿，关键就在于他们能够有意识地将自己的身体微反应和有声语言协调到较为完美的境界。故而，当他们撒谎时，人们往往会深信不疑。

看到这儿，有些读者可能会好奇地问，那些职业骗子是如何让自己的身体微反应和有声语言达到较为完美境界的？一般来说，他们常用以下两种方法来实现这一目的。

其一，平日反复练习在说谎的时候做出正确的身体姿势，长时间的反复练习是必不可少的，一般为 2～3 年。

其二，尽可能减少身体微反应，尤其是自己潜意识不能控制的身体微反应，这样，他们在说谎的时候，就会很少做出一些负面动作了。不过，要想做到这一点，往往非常困难。下面的这个实验也证明了这一点。

实验中，心理学家让参加实验的人故意向他撒谎，并让他们尽量压抑一切身体姿势，不管是正面的，抑或是负面的。然而，那些故意撒谎的人虽然控制住了主要身体微反应，但仍有不少的细微动作表现了出来，比如，瞳孔缩小、摸鼻子、拽衣领、脸色潮红、鼻子出汗，以及其他许多的细微动作，而它们都意味着一个人在撒谎。

由此可见，要想成功地欺骗他人，最好的办法就是将自己的身体隐藏起来，让别人只能"闻其声，而不能见其人"。也正是这个原因，审问嫌疑犯时，审讯人员往往会将疑犯置于一个空旷屋子的中间，或是置于较为强烈的灯光之下，以便让他们的全身都暴露在自己的视线之中。这种情况下，嫌疑犯任何一个细微动作都逃不过审讯人员的眼睛，他们一旦说谎，就会非常容易地被揭穿。

一般来说，你坐在桌子的后面，并借用桌子挡住自己的身体，或是从关着的门后面露出脑袋对人撒谎就较为容易成功了。当然，辅助撒谎的最好工具还是电话，或者网络聊天工具。

说谎者遮掩不住的真实表情

人的面部表情可以说实话也可以说谎话，而且常常是在同一时间内既说实话又说谎话。在社会生活中，人们时常将面部表情作为掩饰和伪装其真实思想感情的面具。例如，因违章而受到交警训斥的司机为了避免把事情搞得更糟，往往故作笑脸，表现得服服帖帖；一对正在家中赌气的夫妻，一旦有贵客来访，便会装出没事的样子，笑脸相迎。

可以说，脸部是说谎者最容易作伪的部位，这给判断一个人是否有诚意带来了麻烦。好消息是，面部表情中总有一部分是人为无法控制的、情不自禁流露出来的，例如，面颊肤色的变化、表情持续时间的长短，也就是说，我们可以通过识别对方脸上掩饰不住的真实表情来揭穿谎言。

1. 面颊肤色变化

人的面颊的颜色会随着情绪的变化而发生相应的变化。面颊肤色的变化是由自主神经系统造成的，是难以人为控制或掩饰的。

最明显的是变红和变白。人们最常见的面颊变红经常出现在害羞、羞愧或尴尬等情形中，脸红也是愤怒的表现，愤怒时，面颊瞬时转为通红而不是由面颊中心慢慢扩散开来。当愤怒中的人们想极力抑制自己的怒气和克制自己的攻击性冲动时，其面颊肤色会变得苍白；当人们处于惊骇的情绪状态下，面颊肤色也会变得苍白。

2. 表情持续的时间

表情的时间长短也可反映出说谎的痕迹。它具体包括以下三方面：表情的停顿时间、起始时间（表情开始时所花的时间）和消逝时间（表情消失时所花的时间）。

停顿时间长的表情很可能是假的，比如，停顿 10 秒钟或 10 秒钟以上的时间，甚至停顿 5 秒钟的表情也可能是不真实的。除了那种极其强烈的情绪感受，比如，欣喜若狂、勃然大怒、悲痛欲绝等，自然的表情都不会超过 4～5 秒钟。而且，即使是非常激动的情绪，其表情也不可能持续太久，而是一阵阵地、短暂地出现。只有象征性表情和嘲弄式表情是长时间存在的。

表情的起始时间和消逝时间，长短是没有固定标准可言的，如果惊讶的表情是真的，则可能起始时间、停顿时间与消逝时间都很短，加起来还不到 1 秒钟。

如此看来，尽管骗子很懂得心理学，又很会演戏，巧舌如簧，能把稻草说成金条，把死人说活，把活人说死，伪装得几乎滴水不漏，但是，假的毕竟是假的，只要你注意观察，细加分辨，就会发现，在他们精心编织的谎言下，仍有大量的破绽和堵不完的漏洞，任其怎么遮掩也遮掩不住。识破谎言的另一个原则就是认清对方的目的，弄清楚他的目的，任他变换什么花招，都可以应付自如而不至于上当受骗。

说谎者最常见的 7 个手势

在前面的章节已经提到，人类大脑的边缘系统是非常诚实的，由边缘系统掌控的肢体行为会如实地反映我们的想法，这些动作是我们的主观意识无法控制的下意识的动作。我们之所以可以通过身体微反应来识别谎言，原因就在于说谎行为本身的复杂性。看似漫不经心的一句谎言，要想做到滴水不漏，其实是一项需要动员全身器官共同参与的庞大工程。因此，无论一个人的口才多么好、说谎技术如何高明，他的肢体都会"出卖"他。

美国前总统尼克松被迫下台之前，议会对"水门事件"展开了调查，当时他正在国会接受审问，在审问期间，人们惊奇地发现，他经常会出现一种非常明显的习惯性动作——不断地用手触摸自己的脸颊及下巴。

心理学家指出，手势在很多时候是一种无意识的动作，能较为真实地反映说话人的心理状态。有这样几种手势在撒谎者身上经常出现，它们可能单个出现，也可能同时或者连续出现。撒谎者的这些动作是下意识做出的，他们想要借助这些动作掩饰自己内心的紧张。不过，单个的手势或者面部表情不足以成为判断的终极标准，需要系统地识别一些彼此相关的手势，识破谎言的概率就会大大提升。

1. 用手捂嘴

这是一种明显未成熟，略带孩子气的动作，很多小孩尤其喜欢使用此种姿势，当然，一些成年人偶尔也会使用此种姿势。一般来说，使用此种姿势的人会在自己说完谎话后，迅速用手捂住嘴，同时用拇指顶住下巴，让大脑命令嘴不要再说谎话。有些时候，某些人在做这一姿势时，仅会用几根手指捂住嘴，或者将手握成拳头状，放在嘴上，但其蕴含的基本意义是不变的。还有一些人则会借咳嗽的动作来掩饰其捂嘴的动作，以分散别人对自己的注意力。所以，如果你和某人谈话时，发现对方老是伴有捂嘴的动作，很有可能他在对你撒谎。

如果当你和别人谈话时，发现在你说话时，对方老是捂嘴，说明他可能觉得你在对他撒谎。最令演讲者或会议发言人感到不安或心虚的场景就是当他发言时，台下的听众几乎都捂住了嘴。出现此种情况，如果台下的听众较多，演讲者或会议发言人最明智的做法就是赶紧结束自己的发言，因为听众已经用姿势向你表明"你是一个骗子，我们才不会相信你说的话呢！"如果你死撑下去，肯定最终会让自己陷入进退两难的尴尬境地之中。如果台下的听众不多，演讲者或会议发言人应该马上停下自己的发言，同听众进行"有没有人要提问的"或是"我看得出，诸位中肯定有不少人不太赞成我刚才说的一些话，让我们一起来开诚布公地讨论讨论吧"的互动。这样，演讲者或会议发言人就可以吸引那些心存疑问的人自由发表他们的意见、观点，演讲者或会议发言人也就有机会来解答听众心中的疑惑、证明自己的观点了。

当然，有些时候捂嘴的动作也可能是无伤大雅的"嘘嘘嘘"动作，即把一根或两根指头竖着放在嘴上。通常情况下，经常做出此动作的人，很可能在小的时候，父母就会对他们使用此种姿势。当他们长大成人后，也就顺理成章地用这种姿势来示意自己或对方不要说出真实想法。

2. 把手放进嘴里

一般来说，一个人做出此种动作往往是下意识的，因为他可能正面临着巨大的压力。他之所以会做出这个动作，最主要的目的是想重新获得自己幼儿时期吮吸妈妈乳汁的安全感，因为在一个人的潜意识深处，吮吸妈妈乳汁是最有安全感的。所以，很多人在成年以前会用自己的指头或者衣领来替代妈妈的乳头，成年以后，他们则会用口香糖、烟斗等来代替。由此可见，虽然一个人把手放进自己的嘴里往往与欺骗有关，不过有些时候，把手放在嘴里的姿势是一个人内心需要安全感的外在表现。

3. 揉眼睛

当一个小孩不想看到某些人或某些事情的时候，他可能会用一只或两只手来揉自己的眼睛，成人也一样，当他们看到某些不愉快的东西时，也可能会用手揉自己的眼睛。揉眼睛这个动作是大脑不想让眼睛看到欺骗、疑惑或其他不好的东西，或者是不想让自己在说谎时与别人发生眼神接触，以免自己因心虚而露馅儿。一般来说，当一个男性撒谎时，他可能会用力揉自己的眼睛，如果谎撒得较大，他会转移视线，通常是将眼睛朝下；当一个女性撒谎时，她不会像男性那样用力揉自己的眼睛，相反，她仅会轻揉几下眼部下方，同时将头上仰，以免和对方发生眼神接触。

4. 拽耳朵

当你告诉别人"这只需要花你 500 块钱"。而对方听了却拽着自己的耳朵，望着别处说"听起来很划算"。这种情况下，如果你真以为对方很满意你所说的价格，那你就大错特错了。因为对方拽耳朵的姿势已经告诉了你他心底真实的想法——"你要的价格太高了，我可不会接受"。其实，把手放在耳边或耳朵上，或者拉着耳垂，从而阻止对方的话进入自己的耳朵，这实际上是小孩子被父母训斥时用双手捂住耳朵这一动作的成人版。拽耳朵动作的其他变体还包括：用手摩擦耳背，用手指掏耳朵，把整只耳朵往前折叠，来遮住耳孔。其中，把整只耳朵往前折叠，来遮住耳孔这一姿势，还可以用来表示听者已经对对方的喋喋不休感到厌烦了，或是自己也想来发言。

5. 触摸鼻子

触摸鼻子是用手捂嘴这一姿势的变异，相比于用手捂嘴，它更具隐蔽性。有些时候，它可能是在鼻子下面轻轻地抚摸几下，也可能是很快，几乎不易察觉地触摸鼻子一下。一般来说，女性在完成这一姿势时，其动作幅度要比男性轻柔、谨慎得多，这可能是为了避免弄花她们的妆容吧。关于触摸鼻子的起源，有这样两种较为流行的说法：其一，当负面或不好的思想进入人的大脑后，大脑就会下意识地指示手赶紧去遮住嘴，但在最后一刻，又怕这一动作太过于明显，因此手迅速离开脸部，去轻轻触摸一下鼻子；其二，当一个人说谎的时候，其身体会释放出一种叫作"儿茶酚胺"的化学物质，这种物质会使说谎者鼻子的内部组织发生膨胀。与此同时，一个人撒谎的时候，其心理压力会陡然增大，血压也会迅速升高，这样鼻子就会随着血压的上升而增大，这就是所谓的"皮诺曹的大鼻子效应"。血压的上升使得鼻子开始膨胀，鼻子的神经末梢就会感到轻微的刺痛，说谎者就会不由自主地用手快速地触摸鼻子，为鼻子"止痒"。此外，当一个人感到紧张、焦虑或生气的时候，这种情况也会发生。

看到这里，可能有读者朋友会问：现实生活中的确存在鼻子真正发痒的情况，那该如何去区别两者呢？很简单，当一个人鼻子真正发痒时，他通常会用手揉鼻子或者用手挠来止痒，这和说谎时用手轻轻、快速地触摸一下鼻子是不同的。同用手捂嘴的姿势一样，说话的人可以用触摸鼻子来掩饰他的谎言，听话者也可以用触摸鼻子来表示对说话者的怀疑。

6. 抓挠脖子

有些时候，一些人在撒谎时会用食指来挠耳垂以下的脖子部位。如果仔细观察一下，你就会发现撒谎者通常会挠5次左右，很少会出现少于4次或多于8次的情况。一般来说，挠脖子这一姿势代表不安、疑惑，或是"我也不确定我会同意""应该不会那样吧"等意思。如果一个人说的话与这一动作相矛盾的话，就会表现得非常明显。比如，一个人说"我比较同意你的看法"，与此同时，他又用手挠着自己的脖子，这就表明他心里其实并不是真正同意你的看法。

7. 拉衣领

身体微反应学家通过实验发现了这样一个有趣的现象：当一个人撒谎时，会导致面部和颈部的一些敏感组织产生轻微的刺痛感，为了缓解或消除这种刺痛感，撒谎者往往会用手去挠或搓那些产生刺痛的部位。这就不仅说明了为什么人们在感到不确定的时候会用手挠脖子，也很好地解释了为什么一个人在说谎并怀疑自己的谎言已经露馅儿时，会不由自主地拉自己的衣领。

需要注意的是，上述7种姿势虽然是一个人说谎时最可能用到的姿势，但这绝不意味着只要一个人做出了上述7种姿势的一种，我们就可以立即断定他一定在撒谎。比如，某人说话时，之所以会捂住自己的嘴，是因为他有口臭，如果我们据此就认为他在撒谎，肯定会伤害到对方。所以要想判断一个人是否在撒谎，除了看他有没有上述7种常见姿势以外，还应结合其他的姿势动作和一些特殊情况进行分析，只有这样，才可能得出一个较为正确的判断结果。

说谎者会直视你的眼睛

我们都知道这样一个常识：当一个人向另一个人说谎时，他往往不会正视对方的眼神，而是将自己的视线移向一边。那么我们是否可以就此认定，当一个人和另一个人谈话时只要他敢于直视对方的眼睛，他就一定没有对对方撒谎吗？先暂不回答这个问题，一起来看心理学家下面这个实验。

　　实验中，心理学家把参加实验的人员分为甲、乙两组，并让甲组的人对乙组的人撒谎，同时，心理学家还要求甲组中 85% 的人在撒谎时一定要看着对方的眼睛。随后，心理学家把甲、乙两组人员的撒谎过程进行了录像。录像完毕后，心理学家来到一家电视台做了一期"你能识别哪些人在撒谎"的谈话节目，让台下观众看完录像节目后，心理学家便开始让他们来识别哪些人在撒谎，并让他们说明各自的理由。

　　结果，很多观众都中了心理学家的"圈套"。在那些撒谎时注视对方眼睛的"骗子"中，有 95% 的人没有被观众识破，他们认为那些"骗子"在实话实说。因为"骗子"们在说话时敢于注视对方的眼睛。而在那些事先没有被心理学家叮嘱过在撒谎时要注视对方眼神的"骗子"中，有 80% 的人都被观众识破了。因为观众发现他们在与对方说话时眼神总是游离不定。通过这一实验，心理学家还发现，在识别谎言方面，女性的直觉比男性的更为准确一些。她们能较为准确地发现对方声音的变化、瞳孔大小的变化、眼神的变化，以及其他一些变化，而这些变化往往是说谎的征兆。

　　由此，我们也就可以回答上文提出的问题了：当一个人和另一个人谈话时即使敢于直视对方的眼睛，也不能保证他没有撒谎。现实生活中很多有丰富经验的骗子在行骗时，往往就会一直和对方保持眼神的交流，因为这样受骗者就不会轻易怀疑他们在撒谎。事实也证明，他们那样想是对的，因为他们很多时候利用这一点成功骗取了对方的信任。这就表明，仅仅通过眼神来判定一个人是否在撒谎是远远不够的，要想较为准确地判断他是否在撒谎，除了观察他的眼神以外，还要结合他在说话时流露出来的一些其他动作才可能得出一个较为准确的判断结果。

　　一般来说，如果一个人（尤其是陌生人）和你对视的时间占了你们交流总时间的一半以上，你就应该注意了。因为这往往包含有这样三层意思：

　　（1）他可能对你有所企图，比如，想从你这儿知道某个消息或是确认某件事情，但又不好意思开口，于是采用此种方式来暗示你告诉他；

　　（2）他可能在向你撒谎，他之所以长时间和你进行眼神交流，就是想制造一种假象，让你觉得他说的全是实话；

（3）他对你充满敌意，很有可能会向你挑战。

频繁眨眼掩盖谎言

人们通常都认为男人比较喜欢说谎，但真实的原因是他们的谎言都比较拙劣所以更容易被识破，而女人又天生是直觉动物，所以男人的一些小细节总是会泄露秘密。比如，眨眼，不停地眨眼显然不是一种常态，而反常情况的最佳解释就是他在妄图掩盖什么异于平常的东西。

例如，晚归家的丈夫接受妻子的盘问，让他说清楚这段时间都干了些什么。丈夫为了表达诚意，望着妻子的眼睛："汽车没有油了，我绕远去了加油站。"他尽力让自己的目光显得真诚，却不停地眨眼。于是敏感的妻子知道这其中肯定有秘密。

科学家通过暗中观察记录，发现人们在正常而放松的状态下，眼睛每分钟会眨 10～15 次，每一个眨眼动作眼睛闭合的时间只有 1/10 秒。而这种间隔在非正常状况下被打破。所谓非正常状态就是说你的内心情绪有较大起伏，比如，因为说谎而紧张，这个时候你眨眼睛的频率就很可能显著提升。可能的原因就是撒谎让你的内心无法平静，你承受着担心谎言被识破的巨大压力，在这种压力下，你也许可以控制自己的口头表达，却很难控制身体微反应，于是你的眼睛因为巨大的紧张感而不停地眨动。

当一个人心理压力忽然增大时，他眨眼的频率就会大大增加。比如，正常条件下（职业骗子除外），当一个人撒谎时，由于害怕自己的谎言被对方揭穿，他在说完谎话后，其心理压力会骤然增大，相应的，他眨眼的频率会大大增加，最高可达每分钟 15 次。所以你在和某个人谈话时，如果你发现他老是不断地眨眼睛，说话也变得结结巴巴，你就得留心他所说话内容的真实性了。

利用手掌去撒谎

利用手掌去撒谎，看到这句话，读者朋友心里可能会产生这样的疑问，如果我摊开双手说谎言，是不是很容易欺骗对方？一般来说，情况并非如此。一个人摊开双掌向别人撒谎，仍然会让对方觉得他不是真诚的，因为他说真话时的很多其他动作，如身体前倾、眼睛盯着对方、眉毛舒展等，全部了无踪影。与之相反，说谎时的一些特有动作，如瞳孔收缩、嘴角歪斜、眉毛竖起、眼神游离不定等，则在无声无息中显露了出来。这样一来，别人就会下意识地觉得你没有说真话。

然而，对一些特殊人群，比如，职业骗子、经常撒谎的人以及一些政客、演员等，他们则可能成功利用手掌去撒谎，欺骗别人。因为他们出于某些特定目的的需要，必须经常撒谎，长此以往，他们就能不露一丝痕迹地运用某些非语言信号来捏造谎言。

正因为如此，现在在西方一些国家诞生了一门新的学科——撒谎学。它主要就是教授人们如何成功地撒谎，其中利用手掌去撒谎是这门新兴学科的主要内容之一。因为大多数人都相信，当一个人摊开双掌与人谈话时，他讲话的内容是可信的。这里，撒谎专家向我们介绍了一些简单的利用手掌撒谎的小技巧。首先，练习张开手掌的姿势，张开的手掌一定要尽量伸平，这会使你在与别人交谈时显得比较可信，不要显得畏畏缩缩，更不要让双掌抖动，那样的话很容易让对方看出你在撒谎。其次，平常多做一些故意摊开双手向朋友撒谎的练习，在这一过程中，一定要尽量压制说谎时会表露出的一些特有动作，如眼神游离不定、瞳孔收缩、嘴角歪斜、眉毛竖起等。长期这样练习，当摊开手掌说谎成为一种自然习惯时，你可能就成了一个说谎的高手。不过，有趣的是，很多人在这样的练习时，往往很难自然地摊开双掌去撒谎。与之相反，他们在做这一动作时，往往会面红耳赤，双手发抖，声音发颤，从而原形毕露。由此可见，很多时候，身体微反应比有声语言更能真实地反映一个人内心的情感和想法。

所以，在与人交往中，我们最好不要摊开双掌去向别人撒谎，那样很可能是搬起石头砸自己的脚，即使你能骗得别人一时，但肯定骗不了别人一世，毕竟纸永远包不住火。记住，以诚相待永远是与人交往的黄金法则！

脚上的动作是怎样揭露事实的

英国的一名心理学家通过实验发现了一个有趣的现象：人体中离大脑越远的部位，越有可能反映一个人内心的真实情感。手位于人体的中间偏下部位，诚实性中等，有些时候，一个人会或多或少地利用手势来撒谎。人的双足离大脑最远，相比于人体其他部位，它的诚实性最高，因而一个人脚上的动作往往会泄露其内心的真实情感。下面这个例子也正证明了这名心理学家的发现。

在某次会议上，总经理要求各部门经理分别总结一下近半年以来的工作情况。很快，就轮到销售部经理发言了。他整理了一下自己的衣领以后，便面带微笑地开始总结自己部门的工作情况。在他发言的过程中，总经理觉得销售经理今天有点不对劲，虽然他面带微笑，但嘴角总会偶尔歪斜一下，拿文件的手也在微微地颤抖着，更为奇怪的是，他的双脚还不停地滑来滑去。稍微想了一下，总经理顿时明白了其中的原因。会议结束后，总经理让销售经理留了下来，说有事要单独和他谈谈。待销售经理坐下后，总经理单刀直入地问道："你为什么要在总结工作时撒谎？"一听这话，那位销售经理当即满脸通红，连忙向总经理道歉，并请求其原谅自己。

为什么总经理知道那位销售经理在撒谎呢？很简单，因为销售经理在说谎的时候，尽管他做出了一些虚假表情，如面带微笑，并且努力控制自己的手部动作，但他没有意识到自己在发言中嘴角出现了歪斜，更为重要的是，他没有意识到自己下半身的动作增多了，如双脚在那儿滑来滑去，这些微反应恰恰是一个人说谎时的惯常动作。而他的这一切，正被总经理尽收眼底。这也是为什么很多企业的总裁总喜欢坐在不透明的办公桌后面，让桌子遮住自己的下半身，他们才感到舒适自在。因为一个人在撒谎时，他虽然可以控制上半身的动作、表情，但是无法有效控制下半身，尤其是腿和脚部的一些动作。

相比于不透明的桌子，透明的桌子会给发言者带来更大的压力，因为它会让发言者的双脚呈现在众目睽睽之下，这样发言者脚上的一举一动都会让别人看得一清二楚。由此可见，人们可以根据发言者脚上的动作来推知他的心理活动。比如，某些人在参加面试时，虽然他们貌似冷静、镇定地坐在面试官面前，并且还面带微笑，双肩自然下垂，双手动作也显得从容自然，但当面试官提问后，就会发现一些有趣的现象。很多面试官的双脚先是紧紧扭在一起，以寻求一种安全感，随后他们会把腿迅速分开，并在那里摇来晃去，这就表明他们开始打算结束自己的面试了，最后他们会把一条腿放在另一条腿上，放在上面那条腿的脚还会在那儿一上一下地拍动，此时，虽然他们没有动身，可能脸上还带着微笑，但他们的双脚已表明他们内心的真正想法——急切地想离开了。有经验的面试官在看见其他面试官双脚出现此种姿势后，往往会立即结束和对方的交流，然后叫下一个人进来面试。

从言辞看穿对方的谎言

说谎者最为留意的是说话时言辞或字眼的选择，因为他不可能控制和伪装自己的全部行为细节，他只能掩饰、伪装别人最注意的地方。由于懂得人们注意的重点是言辞，因此说谎者常常谨慎地选择字眼，对不愿出口的话仔细加以掩饰，因为他们懂得言多必失。用言辞来捏造或隐瞒一件事情是比较容易的，而且也很容易事先全部写下来进行练习。说谎者还可以通过说话而不断地获得反馈信息，以便及时修改自己的"台词"。然而，俗话说"欲盖弥彰"，掩饰的痕迹越多，我们就越容易发现其破绽，并且人在说谎时产生的紧张、恐惧的情绪必然引起某些生理变化，例如，声音的改变。以下是说谎者常见的几种言谈特征。

1. 口误和笔误

很多说谎者都是由于言辞方面的失误而露馅儿的，他们没能仔细地编造好想说的话，即使是十分谨慎的说谎者，也会有失口露馅儿的时候，弗洛伊德将之称为口误。

人们常会在言辞中违背自己的意思，同时在内心中潜藏着矛盾，以致稍一大意就会说出本不想说的或相反的话，从而在口误之中暴露了内心的不诚实。因此口误的必然情形便是，说话者要抑制自己不提到某件事或不说出自己所不愿说的东西，但又因某种原因而"说走了样儿"。口误可以说是一种自我背叛。

与口误相近的还有笔误。在很多情况下，笔误也是内心自我的一种走样儿的表达方式。有研究表明，人们在书写时比在说话的时候更容易发生错误，即使在一些极需庄重、严谨的情形下也概莫能外。面对书写上的错误，人们常常难以确定谁是真正的祸首，尽管当事人多半会以"意外差错"或"技术性错误"等借口来加以解释，然而其中往往潜伏着内心冲突甚至"别有用心"。

笔误产生的原因，是人们在书写的时候，思绪常常会因为内心潜抑的思潮而游离笔端，或者联想到其他事情，只要稍不注意，这种思想就会悄然侵入笔端，造成笔误。

2.语速突然变化

通过语速也可以判断一个人是否在说谎。例如，丈夫做了亏心事，被妻子质问的时候，为了隐瞒这些事，他就会向妻子编些好听的话，不自然地套近乎，以讨好妻子。人们在说谎或者隐藏不安情绪的时候，总是想转换个话题，由于心里七上八下的，因此说话的语速会发生变化，平时少言寡语的人突然做作地高谈阔论起来，我们就可以据此推测这个人藏有不可告人的秘密。平时快人快语的人突然变得沉默寡言，我们就可以据此推测这个人很可能想要回避正在谈论的话题，或者对谈话对象怀有敌意和不满之情。

3.声音特质改变

当你要判断一个人说话时的情绪和意图时，固然要听他究竟说些什么，但是在许多情况下更要听他怎样说，即从他说话时声音的高低、强弱、起伏、节奏、速度、转折和停顿中领会"言外之意"。

当说谎是为了掩饰恐惧或愤怒之情时，声音通常会比较大也比较高，说话的速度也比较快；当说谎是为了掩饰忧伤的感受时，声音就会与之相反。那种担心露馅的心理会使声调带有恐惧感；那种"良心责备"的负罪感所产生的声调效果会与忧伤所产生的极为相近。

人在说谎的时候，另一常见的言辞痕迹便是停顿，如停顿得过于长久或过于频繁。

根据有关研究，说谎者说谎时流露出的各种信号的发生率，如下所示：

（1）过多地说些拖延时间的词汇，比如，"啊""那"等词占到40%；

（2）转换话题率为25%，比如，"因为临时有事情，那天去不了。"

（3）语言反复率为20%，例如，"本周的星期天吗？星期天要加班？"

（4）口吃现象为9%，例如，"什，什么？"

（5）省略讲话内容，欲言又止占5%；

（6）说些摸不着头脑的话；

（7）说话内容自相矛盾；

（8）偷换概念。

以上信号中，如果在对方讲话时有好几处得以验证的话，那就表明他是在说谎或者有难言之隐。

谎言往往这样开头

经验丰富的撒谎者经过长期的摸索和总结，形成了比较完整的说谎套路，他们知道怎样说谎更容易取得他人的信任。识破说谎者惯用的伎俩可以帮助我们迅速地辨别谎言，一般来说，说谎者往往会运用下面这几种方式。

1. 半真半假，真话假话混着说

自然界的许多动物都有保护色，不容易被自己的天敌发现。谎言也往往有"保护色"，那就是谎话里面穿插的真话。高明的说谎者惯用的伎俩之一就是用真话来掩饰谎话，说话时半真半假，真真假假的成分混杂其中，让人难以分辨，从而达到迷惑人心的目的。例如，有些医德败坏的医生明明知道病人得的是无药可治的绝症，在讲了一些病人的真实病况后，却引出一个闻所未闻的进口药，声称此"药"可治此病。这种真真假假、假假真真的话语，让人更难分清哪句是真，哪句是假。

2. 主动亮出自己的"私心"

精于撒谎之道的人通常也是洞悉人性的高手，懂得利用对方的心理，达成所愿。例如，说谎者常常会主动亮出自己的"私心"，但他亮出的只是一个假的"私心"或小的"私心"，是为了掩饰自己内心真实的想法，而真的"私心"或大的"私心"，他是不会说的。例如，导游在带领游客到商场购物时，会事先主动告诉游客，自己可以从中拿到回扣，但是只有5%而已。比起那些拒绝承认回扣一事的导游来说，游客们觉得这位导游很实在，因此不会有抵触的情绪，反而会多买一些商品。其实这位导游拿到的真正的回扣可能超过了20％。这种谎言利用了人们"以诚相待"的心理，即用小"诚"来换你的"大诚"。

3. 贬低自己

人们往往以为那些自吹自擂、夸夸其谈的人更容易撒谎，其实高明的撒谎者反而会做出谦卑的样子，故意贬低自己，从而降低对方的防范意识，更容易获得对方的信任，待取得对方的信任后再开始"大动作"。

解除对方的心理戒备

但凡说谎的人，都有担心被人识破的恐惧，因此会产生很强的戒备心理，从心理上先武装起来。如果这时你正面跟他冲突，他一定会强词夺理地反驳，解除对方的戒备心理是帮助我们揭穿谎言的关键。

当你怀疑对方在说谎，最好不要直接对他说"你有什么话干脆直说好了，不用跟我兜圈子撒谎了"。这样说反而会让他更加警惕，会用更多的言辞来掩饰他的谎言。恰当的做法是在对方有些动摇的时候，攻击他的弱点。这个道理就跟打开闭得紧紧的蚌壳一样，我们越是急着打开它，它就会闭得越紧；而如果暂时不去理它，它就会麻痹大意，过一会儿就自然地打开了。

第二次世界大战期间，盟军反间谍机关抓到一个可疑的人物，此人自称是来自比利时北部的流浪汉。这位流浪汉的言谈举止十分可疑，眼神中露出一种机警、狡黠，不像普通的农民那么朴实、憨厚。法国反间谍军官吉姆斯负责审讯此人，吉姆斯怀疑他是德国间谍。

第一天，吉姆斯问这位流浪汉："你会数数吗？"

流浪汉点点头，开始用法语数数，他数得很熟练，没有露出一丝破绽，甚至在德国人最容易露馅儿的地方也没有出错，于是，他过了第一关。

吉姆斯设计了第二招，让哨兵用德语大声喊："着火了！"然而流浪汉似乎完全听不懂德语，一动不动地坐在椅子上，脸上也没有任何表情。吉姆斯心想，这个间谍果然不简单。

又过了一会儿，吉姆斯派人从附近村庄找来一位农民，让他和流浪汉聊聊今年的收成，本以为这次他会露馅儿，没想到他居然和农民聊得十分起劲儿，看起来比这位真农民更懂得庄稼活。

吉姆斯冥思苦想，想出了一个特别的办法。

第二天，士兵将流浪汉押进审讯室，他依然是一副无辜的样子，十分冷静。吉姆斯看见他进来，假装非常认真地阅读完一份文件，并在上面签字之后，故意用德语说："好啦，我知道了，你的确就是一个普通的农民，你可以走了。"流浪汉一听到这话，误以为他骗过了吉姆斯，不自觉地卸下了防备，于是抬起头深深地呼吸，眼睛里闪过一丝兴奋。吉姆斯从这短暂的表情中看出了端倪，看来这位流浪汉确实会讲德语，而且之前一直是在伪装。吉姆斯抓住这个细节，对流浪汉进一步审讯，终于揭穿了他的谎言。

在这场心理对抗战中，吉姆斯军官巧妙地利用对方的潜意识心理，故意在不经意间用德语表示他相信了流浪汉，解除了对方的心理戒备，从而使说谎者在不经意间露出破绽，误以为自己的谎言得逞，于是精神放松，喜形于色，终于暴露了自己。

故事中的流浪汉是训练有素的高级间谍，善于控制自己的身体微反应，采用普通的办法无法揭穿他，可见，对于这类心理素质很好的说谎者来说，解除对方戒备心理的方法是非常有效的。